数 字 媒 体 艺 术 设 计 系 列 教 材

网站规划与网页设计

PLANNING OF WEB SITE AND WEB DESIGN

谢成开 孙丹丽 编著

国 家 一 级 出 版 社
全国百佳图书出版单位
西南师范大学出版社
XINAN SHIFAN DAXUE CHUBANSHE

图书在版编目（CIP）数据

网站规划与网页设计／谢成开，孙丹丽编著．－重庆：
西南师范大学出版社，2009.6（2014.9 重印）
（数字媒体艺术设计系列教材）
ISBN 978-7-5621-4490-8

I．网… II．①谢…②孙… III．①网站－开发－教材
②主页制作－教材 IV．TP393.092

中国版本图书馆 CIP 数据核字（2009）第 070810 号

丛书策划：李远毅 王正端

数字媒体艺术设计系列教材
主编：罗 力
网站规划与网页设计　谢成开　孙丹丽　编著

责任编辑：秦 路 王正端
封面设计：江 颖
版式设计：杨嘉宏
出版发行：西南师范大学出版社
地　　址：重庆市北碚区天生路 2 号　　邮政编码：400715
本社网址：http://www.xscbs.com.cn　　电话：(023)68860895
网上书店：http://xnsfdxcbs.tmall.com　　传真：(023)68208984
经　　销：新华书店
排版制作：点划设计工作室
制　　版：重庆海阔特数码分色彩印有限公司
印　　刷：重庆长虹印务有限公司
开　　本：787mm×1092mm 1/16
印　　张：8
字　　数：205 千字
版　　次：2009 年 8 月 第 1 版
印　　次：2014 年 9 月 第 2 次印刷
ISBN：978-7-5621-4490-8
定　　价：48.00 元

本书如有印装质量问题，请与我社读者服务部联系更换。

读者服务部电话：(023)68252507

市场营销部电话：(023)68868624 68253705

西南师范大学出版社正端美术工作室欢迎赐稿，出版教材及学术著作等。

正端美术工作室电话：(023)68254657(办) 13709418041(手)

QQ：1175621129

序

随着时代的发展，数字媒体逐渐成为社会信息传播的主要方式。何谓数字媒体？概括地讲，数字媒体就是通过数字化设备进行信息采集、设计、制作，将图像、文字、声音等信息元素进行数字编码处理并实现数字化传播的媒体。数字媒体有三个显著的特征，一是依靠了计算机等数字化设备和技术作为信息加工的技术支撑；二是数字媒体很容易实现图像、声音、文字等信息元素的整合，形成视觉、听觉互动的立体传播效应；三是主要以数字化网络、数字化介质如光碟、U盘等进行信息资源的传播，实现了快捷、广泛、灵活、方便的传播方式。基于这些特点，数字媒体发展速度非常快，应用领域也越来越广，成为当代社会信息传播的主要发展方向。

数字媒体作为新兴的传播媒体，具有广阔的发展前景。数字媒体方面的人才需求也成为高校关注的焦点，许多高校纷纷设立了数字媒体专业，为培养时代需求的专业人才做出了努力和贡献。但是，各高校数字媒体专业的人才培养目标及方式存在很大的差异，大致可分为五种类型：第一类是以数字媒体技术的应用与开发为重点，它往往是在计算机专业的背景下建立起来的；第二类是利用数字媒介作为艺术作品的载体，实现当代艺术表现形式的创新，主要是美术专业拓展的新媒体艺术方向；第三类是以互联网的信息资源策划、设计为主要内容，培养网站策划、网页设计的专业人才；第四类是借助了计算机多媒体的数字化平台，主要培养动画、游戏方面的专门人才；第五类是在视觉传达设计专业的基础上，为拓展数字化信息传播的新领域，培养运用数字媒体技术和艺术设计方法，进行数字化信息传播媒体艺术设计的专门人才。这套数字媒体艺术设计的系列教材，正是针对上述第五类艺术设计人才的培养，建构的较为完整的主干课程教材体系。

传统的视觉传达设计专业主要培养从事平面设计的人才，如商品包装、招贴广告、书籍装帧、印刷版式、标志符号等设计，所面对的传播媒体主要是印刷媒体。当新兴的数字媒体出现后，为加强学生社会适应能力的培养，视觉传达设计专业往往也开设了一些与数字媒体相关的课程，如数字图像设计制作、网页设计、Flash动画等课程，但面对新的媒体仍然是沿用了平面设计的理念和方法。经过我们多年的教学与设计实践却发现：作为信息传播的平面媒体设计与数字网络、数字视频媒体设计是完全不同的概念。比如：平面设计的主要构成要素包括了图形图像、文字、色彩、二维平面构成，而数字媒体设计的构成要素往往增加了运动、时间，以及三维空间的组织结构等；平面设计的内容往往是专题性的，版式是静态的，而网络媒体的内容是多主题的，版式是动态的、互动的；平面印刷设计的色彩使用的是颜料、油墨等物质，而视频媒体运用的是色光，比颜料的色彩丰富很多，等等。因此，我们认为数字媒体艺术设计的教学一定不是传统的设计理念和方法简单地加上数字媒体技术。针对数字化的新型传播媒体，我们应该具有全新的艺术设计理念和系统的方法。组织“数字媒体艺术设计系列教材”的编写与出版，正是为了建构以数字媒体技术为支撑的视觉传达艺术设计新观念和新方法的专业课程体系，培养能够正确掌握和驾驭数字媒体艺术设计的专业人才，并通过艺术设计推动数字媒体在社会信息传播中得到更好的发展。

从以上角度来编写数字媒体艺术设计教材的在全国确属少有，我们也没有更多的参考和借鉴，并且由于数字媒体设计人群的年轻化，编写教材的作者没有太多资深的名家教授，更多的是研究生毕业不久的青年教师。虽然他们曾对教材的内容进行过专题的研究并实施了几年的教学实践，但就编写教材来讲还缺乏经验，因此，难免教材中有不尽完善之处，还请全国的同行给予宝贵的意见和建议，并殷切希望各位同行能参与到系列教材的修订与完善工作中来。但是尽管如此，我相信这套教材对于视觉传达设计范畴的数字媒体艺术设计专业的课程体系建设具有积极的作用，对于培养具有数字媒体视野和创新思维的艺术设计人才建构系统的知识和能力具有重要的引导作用。

学 术 顾 问 委 员 会

前言

网络技术在不断发展，宽带上网越来越普及，网民数量一天比一天多，我国的网民数量已经超过2亿，网站数量达到191.9万个，仅2007年下半年就新增网站40多万个，这说明互联网正处于高速发展阶段，对网站设计人才的需求十分紧迫，而且缺口很大。

从国内的情况看：网站的数量虽然众多，但绝大多数都没有进行专门的设计，无论在内容选择、信息组织、网站导航，还是功能设计、视觉设计等方面都存在许多问题，除了网站建设者本身的目标不明确、重视程度不够外，一个重要的原因是缺乏专业的网站设计人才。

目前，从事网站设计的大多是平面设计人员或软件设计人员，软件人员在交互设计、功能设计方面有自己的优势，平面设计人员在界面设计、视觉设计有特长，但对于网站这个既具有软件产品特征，又具有传播媒体特征的混合体而言，他们的知识结构和能力都存在一定缺陷和不足，网站的设计需要具有软件设计、信息设计、视觉设计等复合知识结构。

面对这样的情况，一些艺术院校开设了数字媒体设计、多媒体设计、信息设计等专业，把培养专业网站设计人才作为重要的专业培养目标。然而，网站设计毕竟是一个新兴设计领域，其设计理论和方法还不完善，国内尚没有成熟的教材可选。现有的出版物中，纯粹讲软件应用或网站编程的最多，也有少量从视觉设计的角度编写的，这些作为高校网站设计课程的教材都不够完整。

本书是对网站设计课程教材的探索，书中很少涉及网站和网页制作技术，而是把重点集中在网站和网页设计的理论和方法上，试图把信息传播、软件交互设计、可用性设计、信息设计、视觉设计的理论和知识结合起来，形成解决网站设计问题的思路和方法。全书共分为四章，第一章为概述，主要讲授网络媒介发展、网络媒介与信息传播、网页设计的挑战，以及网络媒体设计的基本理论；第二章为网站规划，主要讲授网站人物角色创建、网站信息组织与导航、网站总体形象规划；第三章为网页设计，包括页面结构设计、页面色彩设计、页面信息设计，以及网站设计的人文关怀四个部分；第四章为网站的测试与推广，讲授了网站的测试内容、可用性测试方法，以及网站推广的途径和效果。

网站的最终完成离不开技术，在开设本课程之前，应该开设图像处理、Flash动画、网页制作技术等课程。网页制作技术的发展非常快，几乎每年都在变化，这也是本书没有列入制作技术部分的主要原因，如果需要在本课程中讲授技术部分的内容，可在授课时选择相关的技术书籍作为配套教材，这样更加合理。

目录

第一章　概述

第二章　网站规划

第三章 网页设计

第四章 网站测试与推广

第一章 概　论

在1998年5月举行的联合国新闻委员会年会上，安南指出："在加强传统的文字和声像传播手段的同时，应利用最先进的第四媒体——Internet（互联网络），以加强新闻传播工作"。从此，网络作为一种大众传播媒体的观点被人们接受，并从传播、艺术设计、信息设计等方面开展了深入的研究。本章将介绍网络媒体的发展、网络媒体形式与信息传播、网络媒体设计的挑战、网络媒体设计的基本理念四个方面的知识。

第一节 网络媒介的发展

一、网络发展的几个阶段

互联网络是人类最重要的技术成就之一，其对人类社会发展的影响，可与18世纪的蒸汽机和19世纪的电话发明相提并论，它是以通信和资源共享为主要目标的现代技术，已经历了几十年的发展历程。

1. 诞生期

从概念上，可以认为电报的发明是网络最早的起源，因为它和现代的网络一样，改变了时间和空间的观念，但真正现代网络的诞生，是军事的需要催生出来的。上世纪60年代初期，美国为了提高作战通信系统的安全性和可靠性，开始投入经费，立项开展网络的研究，1969年该项目完成初步功能，利用 BBN 公司提出的分组交换网络控制协议，将位于加利福尼亚大学洛杉矶分校和圣芭芭拉分校以及斯坦福大学、犹他大学的四台计算机连接起来，实现了计算机间的通信，成为全球第一个计算机网络，即 ARPA 网。

在这个时期，网络能够完成的功能很简单，主要是文件传输、键盘会话等通信功能，应用的领域也局限在军事上。

2. 成长期

网络在军事领域开始应用之后，使科学家和工程师看到了网络在信息资源共享和信息传输方面给科学研究带来的前景，纷纷要求将网络应用到科学研究领域。于是，1985年美国国家科学基金会（NSF）为了使全国的科学家、工程师能够使用上网络，投入巨资建立了NSFnet。NSF在全国建成了按地区划分的广域网，这些地区网和超级计算中心相连，最后将各地的超级计算中心连接，形成了NSFnet的主干网。NSFnet除了提供任意两台计算机的通信外，还可通过网络提供大量的信息和数据，并对教育、科研、政府职员开放。1986年NSFnet建成后，由于取得极大成功，立即取代了ARPAnet，成为Internet的主干网。1989年，NSFnet和ARPAnet合并，正式取名为Internet。随后，世界各地不同种类的网络与美国的Internet相连，形成了全球的Internet。到1991年，全球已有3000多个子网并入了Internet，几乎每年都以100%的速度递增。

在这个时期，网络应用的领域从军事扩展到了科学研究、教育、政府等领域，在功能上，从以通信为主扩展到了资源共享的层面，并初步形成了一个全球性的网络，在技术和发展模式上，为后续的发展奠定了很好的基础。

3. 发展期

真正使Internet高速发展的动力是它的商业化应用。上世纪90年代初，由于Internet巨额的维护费用，美国政府难以继续支付，于是将其交给一些商业公司经营，由这些公司出资维护和建设，从此开始了Internet的商业化道路。商业公司经营后，摆脱了政府对Internet开展商业应用的限制，广泛开展在各商业应用领域的探索，商家们尝到了Internet在用户服务、客户沟通、信息获取等方面的甜头，纷纷加入到Internet中，促进了Internet的高速发展。1993年，整个Internet上的注册域名只有2.6万个，网民只有300万人。到2007年中期，全球域名注册数量已达1.38亿个，网民数量增加到7.47亿人。

目前，Internet在信息传播、政府办公、教育、通信、电子商务、新闻出版、广告、娱乐等领域都开展了广泛的应用，改变了人们的生活、工作、学习方式，深入到了人们生活和工作的各个环节，我们可以足不出户就能购买需要的商品，可以和异国他乡的客户交流，还可以和身处各地的朋友玩牌、下棋、谈天说地，网络已经形成了一个当今社会不可或缺的虚拟社会。

网络在各个应用领域的高速发展，滋生了多个学科的新领域，例如：网络经济学、网络传播学、网络营销学、网络社会学、网络政治学、网络心理学等。在艺术设计学科方面，网络不但拓展了设计空间，而且促进了科学与艺术的结合，推动了学科之间的融合与交叉。网页设计涉及艺术设计、信息设计、计算机软件、计算机动画、信息架构、界面设计、交互设计等多个领域的知识和能力，是艺术设计与其他学科融合与交叉的典型代表。

二、我国的网络发展

我国的网络研究起步于上世纪 80 年代中期，1987 年建设完成中国第一个网络——中国学术网 CANET，建立了第一个国际网电子邮件节点。但是，由于来自美国的政治障碍，一直不允许我国的网络全面接入 Internet，只能开展有限的国际互联通信业务。直到 1994 年，经过多方协商和谈判，我国的网络才全面接入 Internet。

虽然我国的网络发展因多种原因起步较晚，但后来的发展速度非常快。现在，我国已建成了中国电信、中国联通、中国网通为代表的多个公用国际互联网，还有一些服务于行业的专用国际互联网，如：中国教育科研网、中国科学技术网。在网络速度上，我国的城市用户基本实现了宽带接入，接入速度在512Kbps以上，国际出口带宽达到368927Mbps；在网络用户的数量上，2007 年底达到 2.1 亿，仅次于美国的 2.15 亿，人口覆盖率达到 16%，略低于全球19.1%的平均水平，但与美国69.7%的覆盖率相比，还有很大差距；在网站数量上，2007 年底我国注册域名数为 1193 万个，网站总数达到 150 万个，网页总数已经有 84.7 亿个；在应用水平上，我国有跻身世界前列的“百度”搜索网站、世界领先水平的电子商务平台阿里巴巴、用户数最多的个人即时通信平台腾讯 QQ，以及世界知名的综合门户网站新浪等。

三、Internet 与 WWW

Internet 在我国也称为互联网、国际互联网、因特网等，在本章中提到的网络，就是指的 Internet。按照 1995 年 10 月 24 日美国联邦网络委员会一致通过的决定，Internet 的定义为：Internet 是一个全球信息系统，它使用 IP 协议，用唯一的地址逻辑地连接起来，通过 TCP/IP 协议进行通信，提供基于上述协议的公众或私人的高级信息服务，包括对信息的提供、使用或访问服务。Internet 目前提供的服务功能主要有：电子邮件（Email）、文件传输（FTP）、电子公告板（BBS），新闻（USEnet）以及我们使用最多的万维网（World Wide Web），俗称 3W 服务。

在概念上，万维网并非 Internet，他只是在 Internet 上提供的一种信息服务系统，由于众多的用户在使用 Internet 时，所见到的均是万维网的面孔，形成了万维网就是 Internet 的错误印象。不过，万维网确实是 Internet 中应用最广泛的一种信息服务方式，也是最具活力和发展前景的服务方式。万维网的核心是超文本语言 HTML，HTML 是一种用来创建网页的简单的计算机语言，利用它可以创建出包括文字、图形、声音、动画、视频等多媒体元素的网页，并能实现超级链接。超级链接是万维网最重要的功能，它可以链接到万维网上任何主机上的任何一个页面，使一个全球性的信息网络得以实现，达到信息资源共享的目的。

我们讨论的网页设计正是基于万维网的技术平台。在万维网上，网站是一个信息和服务的集合体，由若干网页组成。网页是提供信息和服务的基本单元，用户通过网页来获取信息和服务，在架构上，万维网采用B/S模式，把网站的所有信息和内容存放在服务器上，用户使用网页浏览器，通过超级链接来调用网站的各个页面。

蒂姆·伯纳斯－李（Tim Berners-Lee）爵士（1955年6月8日出生于英国伦敦）是万维网的发明者，也是第一个使用超文本来分享资讯的人。1990年他发明了首个网页浏览器——World Wide Web，1991年8月6日，他建立的第一个网站（也是世界上第一个网站）http://info.cern.ch/上网，如图1-1所示。该网站解释了万维网是什么，以及如何使用网页浏览器、如何建立一个网页服务器等问题。

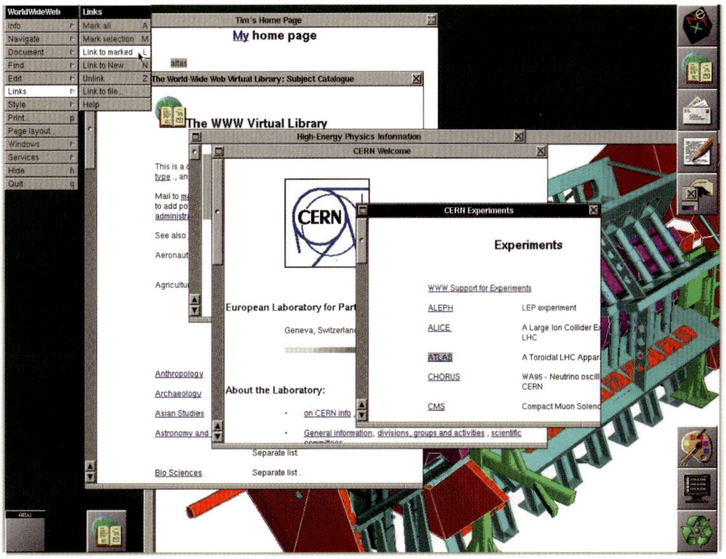

图1－1 世界上第一个浏览器

第二节　网络媒介与信息传播

一、网络媒介分类

从传播媒介形式看，网络包含了个人传播媒介、组织传播媒介和大众传播媒介，是多种媒介形式的整合。从不同的角度可以对网络媒介进行不同的分类，例如：按照主办者的特征，我们可以分为政府媒介、企业媒介、个人媒介等。在这里，我们以网络媒介提供的服务和功能来讨论网络媒介的分类。

1．搜索媒介

这种媒介主要提供信息的搜索服务，用户只需要输入关键词，它便可以为你在整个Internet上搜索出相关的信息索引列表。由于网络上的信息内容非常庞大，我们无法知道我们需要的信息在哪里，因此搜索媒介是绝大多数浏览者获取信息时首选的方式，成为信息获取的主要途径。我们经常使用的搜索媒介有百度、Google、Yahoo等，这种媒介的界面一般比较简洁，图1－2是百度的搜索界面。

图1－2　百度的搜索界面

2. 新闻媒介

新闻媒介主要提供新闻信息，由于新闻的发布受到政府的监管，所以网络上的新闻媒介一般由经过政府审批的新闻单位主办，如：新华网、人民网等，它们提供的新闻信息具有很高的权威性和可靠性。相比传统的报纸等新闻媒介，网络新闻媒介在新闻的广度、深度和及时性等方面都有很大提高。在设计上，新闻媒介具有庄重、严肃的风格。

3. 信息媒介

这类媒介以提供各类信息为主，有的提供综合信息，如：新浪网站，提供新闻、汽车、房地产等多种信息；有的提供某个领域的专业信息，如：美术同盟提供美术领域的各种信息；有的只提供本企业、本部门、本单位的相关信息，各企业、学校、政府部门的网站就是如此。这种类型的网站在设计风格上表现比较丰富，但设计水平参差不齐。

4. 休闲娱乐媒介

休闲娱乐媒介是指那些提供娱乐资讯、娱乐内容、娱乐项目的网站，包括游戏网站、影视网站、音乐网站、娱乐资讯网站、聊天网站等。在这些网站上，我们可以在线观看影片、收听音乐、欣赏图片，也可以和他人共同游戏、吹牛聊天、讨论时事，消除我们的疲劳，放松我们的心情。

5. 商务媒介

商务媒介是指那些提供商业信息和商业贸易平台为主的网络媒介，譬如：阿里巴巴、当当、淘宝、卓越等网站都是商务媒介的典型代表，利用这些媒介，我们可以获取产品与服务的供需信息，也可以直接进行企业与企业（B to B）、企业与个人（B to C），以及个人与个人（C to C）之间的商品交换和购买。

对于一些大型网站，它们往往综合了多种媒介的功能，新浪网站虽然以提供信息为主，但它也包含了娱乐、新闻等媒介的功能；同样，百度以搜索为主，也包含了百度娱乐、百度贴吧、百度新闻等频道。

二、网络媒介信息分类

网络是一个数字化的信息传播媒介，数字技术的高度发展，已经可以将多种信息媒介形式进行数字化，并高度集成。因此，网络上的信息包括文字、图像、声音、动画、视频等多种类型，是任何一种传统大众传播媒介不可比拟的。

1. 文字

文字是最古老的信息形式之一，也是我们信息传达使用最多的形式。从小学我们便开始学习和使用文字来表达信息和获取信息，对大多数人而言，文字是人类继口头语言之后最熟悉和最擅长的信息交流方式。从传达信息的角度看，文字具有准确、生动的特点，既适合于传达各种认知信息，也适合于传达观念、情感等信息，优美的文字不但使人朗朗上口，而且使人产生丰富的联想，令人回味无穷。对于网络上的文字，除专门的文学作品外，大多属于以传达信息为目的的认知性文字，如：产品的介绍、功能的说明、网站的导航等，对于这类文字，主要的要求是清晰和准确。所谓清晰，就是文字要简洁明了，叙述的逻辑要清楚，符合人的认知习惯；所谓准确，就是文字表达的概念确切，不能让人有误解或造成多种理解。

从技术角度看，网页中文字的呈现实际上是在使用者计算机上"再印刷"的过程，其字体呈现的正确与否与使用者的计算机上安装的字库相关，为了保证字体的正确呈现，字体的选择应在中文 Windows 预装的字体内考虑，即黑体、宋体、仿宋体、楷体，如果需要使用其他字体则需作图像化处理，否则难以保证字体的准确呈现。此外，文字信息的数据量小，文字信息为主的网页，浏览时的下载速度很快。在宽带网络到来之前，为了保证适当的页面下载速度，网页中的信息基本上以文字信息为主，如图 1 － 3 所示。

2. 图像

图像是最直观的信息表达方式，而且具有很强的视觉冲击力。对于一些描述操作方法、组织结构、现场情景的信息等，图像表达比文字更直观、准确，而且易于理解。相对文字信息而言，识别图像信息的速度更快、更轻松，

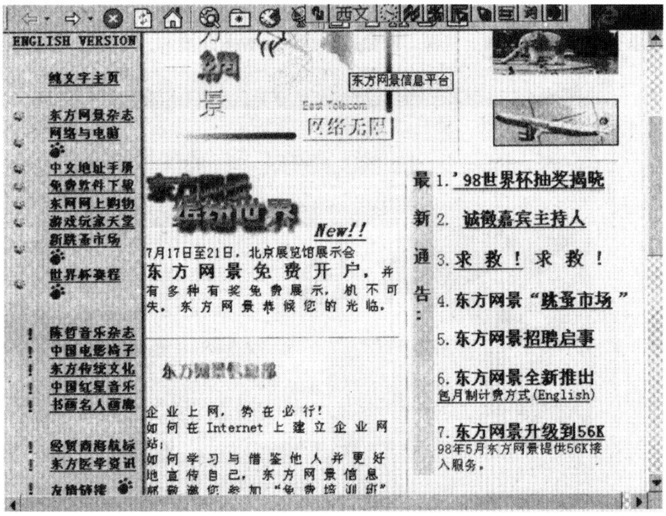

图 1 — 3　1998 年的东方网景页面

它减少了文字信息需要经过识读、形象思维的加工、还原过程。网页中的图像必须要经过数字化处理，对于非数码摄影的照片、手绘的图画，以及印刷品上的图像，需要经过扫描处理才能将其数字化。在图像文件格式上，并非所有图像文件格式都能插入网页中，只有 Gif、Jpg/Jpeg、Png 格式的图像文件才能插入，这三种格式都具有数据压缩功能，能够在保证画质的前提下，最大限度地减少文件数据量。Gif 文件格式最多只能有 256 种颜色，适合于卡通、插图之类颜色数较少的图像；Jpg/Jpeg 格式能够支持真彩色，适合于照片之类颜色丰富的图像，具有很高的数据压缩率，但不适合用于单色图像；Png 格式相对 Gif 格式可以提高 10%～30%的压缩率，而且支持 24 位真彩色，是目前正在推广使用的一种网络图像格式。

图像比文字的数据量要大得多，页面上的图像越多、质量越好，浏览该页面的等待时间就越长。所以，在设计网页时我们要平衡好图像质量与页面数据量之间的关系，把等待时间控制在浏览者能够接受的范围内。

3. 声音

声音是直接诉诸听觉器官的信息形式，具有丰富的情感表达能力。同样的文字内容，用不同的语音、语调读出来，具有不同的情感，甚至有不同的意义。在网页中，声音主要以音乐和视频、动画的配音形式存在，也有作为点击按钮等的提示音、网页的背景音乐和为数不多的语音读物等形式。在声音文件格式上，主要以 Mpeg3 为主，该格式具有很高的数据压缩率，而且具有较高的声音质量。由于声音的数据量很大，在不是非常需要的情况，建议不要添加网页的背景音乐，以降低页面数据量，减少页面浏览的等待时间。

4. 视频

视频是图像在时间上的延展，通过图像在时间上的连续播放来展现事物发生、发展的过程，它不但具有图像的直观特征，而且模仿了人们眼睛观察事物的过程，就像我们亲眼看见的场景那样真实可信。视频一般和声音结合在一起，成为与电影、电视相似的视听媒体，信息直接诉诸视觉和听觉两个感觉器官，具有很好的信息传达效果。在网页中，由于视频文件的数据量巨大，如果要在线播放，必须采用视频流媒体格式，这种格式的视频文件可以一边下载一边播放，将视频数据的下载分解到视频播放的整个过程中，这样就不至于使我们在播放视频前必须要经过长达数分钟或更长的下载等待时间。网页上最常用的视频流媒体文件格式是 RM，采用 RealPlay 插件播放。

5. 动画

和视频一样，动画也是一种活动图像，它的画面一般不是现实场景的再现，而是艺术创作的产物，可以超越现实来表达思想、观念和情感。在动画中，大量利用夸张、幽默、超现实等手法，所以动画具有很强的娱乐性和趣味性，尤其是对于充满了好奇和想象的儿童，那些超现实的画面能够使他们得到极大的心理满足。

网页中的动画通常不是通过摄像来制作，而是直接利用计算机图形图像软件来制作，花费的时间短、成本低。网页动画主要有Gif动画和Flash动画两种形式，Gif动画是早期的网页动画形式，它是一种逐帧位图动画，需要绘制好动画的每一个帧画面，但动画制作的技术和过程非常简单。由于Gif逐帧动画的数据量较大，且动画的颜色数不能超过256种，所以现在的网页中Gif动画使用不多，通常只用来制作那些幻灯片式的简单动画。Flash动画是当前网页中使用最广泛的形式，它具有三个方面的优势：其一它是矢量动画，动画数据量很小，具有真彩色，而且矢量动画放大后不会影响画幅质量和加大动画数据，解决了制作大画面动画的问题；其二它是支持流式技术，可以一边下载一边播放，解决了等待时间长的问题；其三它支持脚本语言编程，能够制作出丰富的交互效果，提高了网页浏览的趣味性。

三、网络媒介的信息传播

网络媒介是有史以来最先进的传播媒介，它包含了各种已有的传播类型，打破了传统大众传播媒介主导传播信息内容的霸权，实现了本质意义上的双向传播，并使受众在传播中处于主动地位。此外，在传播的范围、传播的时效、传播的信息媒介等方面都取得了革命性的进步，已经成为了中青年受众使用最多的传播媒介。

1. 多种传播方式并存

人类的传播活动分为人际传播、群体传播、大众传播等类型。人际传播是人类最早的传播活动，是个体与个体之间的信息交流活动，包括了面对面的直接传播和借助于媒介的间接传播，如人们日常生活中的面对面交谈、相互间的书信往来等。群体传播是指没有固定社会组织形式的人群中所发生的信息传播，人群中的成员有着共同关心的事物或话题，并各自发表自己的观点和看法，茶余饭后之时，我们常会见到一些人聚在一起，谈论国家的政治、经济、文化，或者讨论着某一社会现象以及一些生活中的焦点问题等，这样的一些传播活动就属于群体传播。大众传播是专业化的媒介组织运用先进的传播技术和产业化手段，以社会上一般大众为对象而进行的大规模的信息生产和传播活动，大众传播是几百年以来对人类社会影响最大的传播形式，我们生活中所看到的报纸、广播、电视都属于大众传播媒体。

报纸、广播、电视等媒体只能实现单一的大众传播方式，而 Internet 则是多种传播方式并存，各网站发布的新闻、行业信息、商业信息等是以普通大众为传播对象的大众传播，网上的讨论组、BBS 论坛等是 Internet 上典型的群体传播，电子邮件、个人之间的私密聊天则是人际传播活动。

2. 拉式传播

传统的大众传播媒体是以传播者为中心的推式传播，它是传播者把信息推给受众，传播什么信息由传播者决定，受众只能被动接收信息，没有选择的余地。我们每天看的电视剧都是由电视台安排的，不能由我们自己点播。相反，Internet 则是一种以受众为中心的传播媒体，传播的信息选择掌握在受众手中，传播者只是扮演信息收集、整理和加工的角色，传播的信息由受众通过 Internet“拉”出来。我们上网时通常都是首先通过搜索引擎找到我们关心的主题，然后才开始浏览具体的信息。由于 Internet 是以受众为中心的传播媒体，它的信息传播更加人性化，更能满足人们获取信息的需求，这也是它能高速发展的重要原因。

3. 双向互动传播

在 Internet 中受众和传播者之间的信息交流是双向互动的，受众也可以传播自己的信息，不像传统媒体那样信息只能由传播者向受众的单向传播。浏览者也可建立一个自己的个人网站来发表自己的观点和信息，也可以在观看某条新闻后发表自己的评论。

4. 及时性

网络传播比任何一种传统媒体的传播都来得及时，一方面网络是一种电子媒体，信息是以光速在传递；另一方面网络媒体信息的加工、处理、发布都十分方便和快捷。我们写好一篇新闻稿后，通过网络上载，几秒钟后就可以到达网页浏览者的计算机屏幕上，不像传统媒体那样还需要经过排版、印刷或剪辑、合成等过程。

5. 广域性

目前，互联网络是唯一的全球性媒体，该媒体几乎覆盖了世界上所有的国家，这是传统媒体不可能实现的。

6. 广容性

网络中的信息是以先进的数字化技术方式进行存储，不论是文字、图像、声音、视频还是动画都是数字化的并可以进行高密度存储，加之网络上的信息又是分布存储在各网站中。所以，可以认为网络的信息容量是无限的。不像传统媒体那样，信息的容量要受到版面或播出时间的限制。

7. 信息表现的多媒体性

在 Internet 中，信息可以采用文字、图像、动画、声音、视频等多种形式来表现，利用多媒体的信息传达优势来达到好的传播效果，不像传统媒体那样信息的表现形式受到设备或介质的影响而不能发挥多媒体的优势。例如在报纸中只能有文字和图像，在广播中只能有声音这种单一的信息形式，在电视中也只有视频和声音。

8. 信息的非线性组织

报纸中采用版面顺序来组织信息，在广播、电视中是以播出的时间顺序来组织信息的，这些都是线性的信息组织方式，这种信息组织方式使受众获取信息受到一些限制。譬如一个特定的电视节目和广播节目都是在指定的时间播出，一旦受众在这个时间没有接收信息，那么就失去了这个信息，其次由于节目按照严格的顺序播出，当受众有空闲时也只能接收当前播出的信息，而不能接收之前或之后的信息。

Internet 采用的是非线性的信息组织方式，通过超级链接，受众可以自己选择接收信息的顺序，而且信息是存储在网站服务器中的，人们随时随地都可以获得所需要的信息，并可以很方便地进行下载和转存。这种非线性的信息组织方式，为受众获取信息带来了极大的方便。

第三节 网页设计的挑战

之所以把本节命名为网页设计的挑战，是因为它本身是一个全新的设计实践领域，它是围绕计算机屏幕为基础的用户交互软件界面设计发展起来的，具有与技术紧密结合的特点。它不但以内容为主导，也以任务为主导，不同于我们熟知的报纸、杂志、书籍等平面媒介，它的设计需要从多个学科中吸取养分，在沟通交流的基础上，解决面临的各种困难和问题，实现网页的预期目标。

一、网页设计的综合性

在网页上获取信息和完成任务的过程中，我们采用了浏览、阅读、观看、交互等多种行为，既有我们从传统平面媒体获取信息的浏览和阅读行为，也有电视媒体中的观看行为和产品使用的交互行为。这就要求我们在网页设计时要综合考虑多个方面的问题，从平面设计、信息设计、界面设计、人体工程学等领域吸取相关的知识，并将这些知识和网页设计的具体情况进行有机的融合和发展，创造出网页设计的现实方法。

平面设计中的版面设计、文字设计、文字编排、色彩设计、视觉流程设计等知识，对于网页设计具有很好的指导作用，对于文字、图形等信息来说，以屏幕为基础的网页与报纸、杂志等平面媒体有很多相同之处。在网页的版面编排方面，一个很大的挑战是如何处理好动态元素和静态元素之间的关系，这是以前的任何媒体中都没有研究过的新问题。动态元素加入到静态的版面之中后，视觉中心、视觉引导、平衡等关系都会发生变化，所以简单的套用平面版面设计的规律和方法是不行的，必须在考虑动态元素视觉特征的基础上，加以创造性的利用和发展。

在网页中有大量的认知信息传播，这就需要信息设计的相关知识来解决。信息设计的目标是使信息简洁、清晰、易懂，使阅读信息的人很快就能把握主题，知道哪些是重要的，为什么要阅读，以及消除阅读过程中的各种疑虑。信息设计研究的领域包括数据表格、信息图表、产品说明、标识等多个领域，这些都是网页中经常涉及的设计内容。

界面设计是电子产品出现之后开辟的设计领域。电子产品和机械产品不一样，机械产品能够完成的功能和任务可以通过它的形状、结构等元素为使用者提供直观线索并加以判断，使产品的操作比较容易；电子产品将所有实现功能的部件都装在一个箱子里面，人们无法看见，即使能够看见，也无法根据部件的形状、结构来判断其功能，产品的使用只能根据界面提供的信息和按钮来选择操作，我们的电视机控制面板和计算机软件界面都是如此。界面设计包括按钮标识、菜单、交互方式、信息反馈、错误控制等内容，需要考虑人们的行为习惯、固有知识等多个方面的因素，在设计方法上，“隐喻”是界面设计中最普遍的方法。网页中的信息获取或任务实现都需要借助于界面来完成，与计算机软件产品的使用非常相近，所以学习界面设计知识对网页设计非常重要。

产品设计和软件设计都必须考虑人的生理和心理的局限性，人体工程学主要研究人们怎样才能高效、安全、健康、舒适地使用产品来完成任务。通过了解人体工程学的知识，能够帮助我们考虑菜单的项目多少个最合适、前景与背景颜色如何搭配才能减小视觉疲劳、网页的等待在多少时间之内才不会厌烦、字体的大小和行间距怎样设置才能让受众舒适地阅读等。

此外，建筑设计的知识也有一定的借鉴意义，建筑是将不同的空间加以合理的组织构成一个完整的建筑体，一个建筑群由若干楼宇组成，每个楼宇有多个楼层，一个楼层又分为若干房间；楼宇之间、楼层之间、房间之间还需要道路或通道进行合理的连接才能将这些建筑空间有效地加以利用。而网页是通过板块、栏目、页面等将信息组合形成一个网站，并通过导航系统把它们连接起来，因此网站的信息组织和导航能够从建筑设计中得到启发，学习和了解一些建筑知识对网页设计是有益的。

二、技术的限制与依赖

任何设计都是带有枷锁的，网页设计更是如此。除了来自客户方面的限制外，还有更多来自技术的限制和依赖。网页是建立在计算机和网络这种高度技术性的设施、设备之上的，在设计时对技术的可行性必须加以考虑。在上世纪90年代初期，受网络带宽和计算机图像处理能力的限制，网页中的信息主要是文字，只有少量的Gif图像；而今计算机具有良好的多媒体处理能力，宽带网络也比较普遍，网页中随处可见图像、动画、视频等信息元素。尽管如此，网络带宽的增长和计算机性能的提高仍然不能满足网民日益增长的需求，技术的限制仍然存在。

我们在设计网页中的图像、动画、视频元素时，要关注文件数据量的大小，切莫只追求高质量的效果和视觉冲击的需要。一方面受计算机显示器分辨率和屏幕尺寸的限制，图面质量再高、尺寸再大，而计算机屏幕的表现却是有限的；另一方面网页是供众多用户浏览的，每个用户使用的计算机性能和网络环境各有不同，不能以高性能的计算机和网络环境为设计标准，要考虑普适性。此外，受网络带宽的限制，大数据量的图像、动画、视频会急剧加大页面数据量，浏览时需要更长的网页等待时间，可能导致浏览者放弃该网页的浏览。

由于技术的原因，网页中的文字需要借助于浏览者计算机上的字库来呈现，我们在选择网页中的文字字体时不能只追求美观和漂亮，而要考虑浏览者计算机上字库安装的普遍性，对于中文Windows操作系统来说，黑体、宋体、仿宋体、楷体是基本中文字体。对于特别需要的情况，必须将那些特殊字体的文字作图像化处理。交互方式也依赖于技术的发展，目前网页中只能依靠键盘和鼠标来进行交互，交互方式少，灵活性差。2007年，美国纽约大学的Jefferson Y.Han教授发明了多点触碰技术（Multi—touch），可以让人通过多个手指与屏幕直接触碰进行交互，具有很好的交互效果和灵活性，这种技术一旦用于网页中，将彻底改变网页目前的交互方式。

三、从阅读到浏览

《网页效果优化艺术》的作者斯蒂夫·克鲁格花了五年的时间对人们使用网络的情况进行了观察，发现人们使用网络的情况与网站一方的想法存在着巨大的差别。网站的建设者和设计人员总是认为人们会专注每个页面，在认真阅读精心编排的文字、搞清内容的组织方式并充分比较之后，才会决定点击哪个链接。实际上，人们只是在页面上快速地扫描，找到符合自己口味或接近要求的一个链接就开始点击，如果满意，便开始继续浏览。斯蒂夫·克鲁格的观察得到了两个主要结论：第一，人们不是阅读网页，而是浏览；第二，人们使用网站的过程是浏览——满意——继续浏览。

斯蒂夫·克鲁格在《网页效果优化艺术》一书中还对人们使用网络的方法和过程进行了深入的剖析，他认为：人们之所以是浏览网页，有三个原因。一是因为很匆忙，使用网络的目的就是为了节省时间，所以会快速地扫描和选择；其二，人们使用网络是有目的性的，希望找到符合自己兴趣或符合自己工作要求的内容，没有必要全部阅读；其三，人们擅长浏览，因为我们对报纸、杂志等常使用浏览的方法来找到感兴趣的内容。此外，斯蒂夫·克鲁格认为“满意”是人们作出选择的标准，而不是“最佳”，因为人们浏览网页时处于一种匆忙的状态，总是希望尽量减少时间的浪费，就像消防队员救火一样，必须按照大脑中呈现出的第一个合理方案尽快实施，否则就会存在更大的损失。

如何设计便于浏览的网页对设计人员提出了新的挑战。一个便于浏览的网页，一是应该具有清晰的页面层次结构，将页面的重点突出出来，让浏览者一目了然，并把逻辑相关的内容组合在一起，使之在视觉上也相关；二是要尊重浏览者养成的习惯，采用惯例的方式可以使人们毫不费力地浏览，因为习惯了的东西总是觉得轻松、自然，不需要动脑筋；三是把版面进行明显的分区，每个分区内包含同类的内容，这样使浏览者很快明确哪些区域是感兴趣的，哪些区域是可以忽略的；四是链接对象要明显、醒目，使浏览者快速知道哪些是可以点击的链接；五是要避免视觉干扰，消除混乱，使之能够舒适地浏览。

四、信息的黑箱

对于报纸、杂志、书籍，人们可以凭借我们的本能，翻到任何一个页面，查看其上的信息，能够得心应手地掌控信息获取的整个过程，而且能够很便利地知道信息的组织、信息的多少、当前所处的位置等。网站中的信息和报纸、杂志、书籍中的不一样，它是存储在网站的服务器上，就像放在一个黑箱子里面，人们无法知道一个网站到底有多少页面，也不能确定当前所处的位置，以及其后还有多少个可以查看的页面，失去了在报纸、杂志、书籍中的那种本能的控制权。

网站信息的获取，是利用网站的导航系统，借助于人的逻辑思维来加以判断和选择，这对网站的信息组织和导航系统设计提出了挑战。信息的组织要具有良好的逻辑层次关系，符合人的认知逻辑。一个好的导航系统能够帮助人们高效地找到他们需要的东西，此外导航系统还要教会他们如何使用网站、告诉他们网站上有什么、当前在哪里，提供迷路时的自救措施和方法，给予人们使用网站的信心。在我们的现实生活中，一些大型的医院提供有导医服务，当人们不知如何到达目的地时由导医小姐带领。网站也一样，如果信息内容很多，信息的组织结构复杂，就应该设置站内搜索和网站地图，让浏览者能够借助于搜索系统和网站地图，直接到达所关心内容的页面，增强浏览者使用网站的信心和安全感。

第四节 网络媒体设计的基本理念

任何媒体的设计都必须立足于受众、信息和传播效率这三个基本的理念，不同的媒体，在受众、信息和传播效率三个方面有着不同的特征，本节针对网络媒体的情况，对受众、信息、传播效率加以分析和讨论。

一、网络媒体受众特征分析

网络媒体的高科技含量、及时、互动、娱乐等特性，使得它的受众与传统的报纸、广播、电视等大众传播媒体的受众相比表现出了显著的差异，主要表现在高学历、年轻化、城镇化、快增长四个方面。

1. 高学历特征

网络媒体的受众不但要能识字，而且还需要具备计算机、网络操作的基本知识和技能才能从中获取信息，对于低学历的人员，由于自身具备的知识局限，只有少部分能够较熟练地使用网络媒体，在网络媒体的早期更是如此。图 1—4 是 2007 年 12 月 CNNIC 发布的我国网民学历结构馅饼图，从图中可以看到：初中以下学历的只占 6.7%，高中以下的也只占 27.8%，72.2%的网民具有高中及以上学历。来自澳门的互联网研究数据表明：学历越高的人群，上网的比例越高，学历越低的人群，上网的比例越低，且两者都呈逐年增加的趋势。2007 底，澳门本科以上学历的人员，98%以上上网，而高中以下学历的人员，只有 43%上网。

2. 年轻化特征

由于网络媒体是现代科技发展的产物，我国全面接入互联网的历史只有十多年的时间。一方面年轻人对于新生事物接受最快；另一方面对于使用网络需要的基本知识的教育在近些年才普遍进入到中学、大学教育中，这就形成了网络受众年轻化的特征。从图 1—5 中可以看出：18～35 岁的占 60.9%，50 岁以上的网民只占 4.2%，网络受众以青年为主的特征明显。

3. 城镇化特征

在我国，网络受众城镇化特征的形成有三个方面的原因：一是城乡之间在经济上的差别很大，导致农村通信基础设施差，很多农村不具备上网的基本条件；二是农村的教育水平与城镇相比也有很大差距，大多数居住在农村的人口不具备上网的基本知识和技能；三是农村的人均收入低，支付上网费用困难。从2007年12月CNNIC提供的数据看：城镇网民数为15738万，占75%；农村网民为5262万，占25%。如果从普及率上看，城镇与农村的差异更明显，农村人口的网络普及率只有7.1%，城镇人口的网络普及率为27.3%，接近农村的四倍。

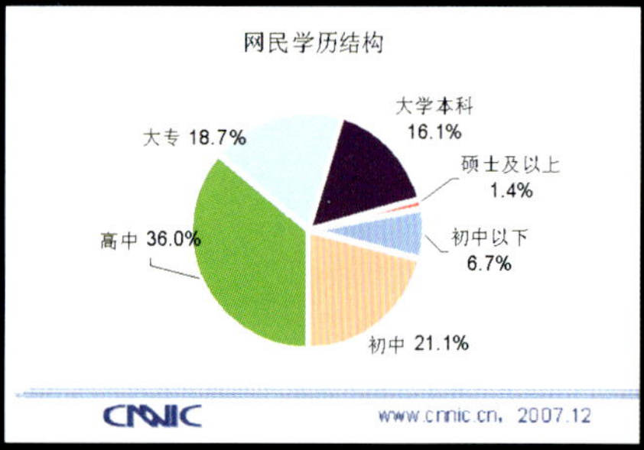

图1－4　网民的学历结构图

4. 高增长特征

网络不仅仅是一个传达信息的媒体，还是一个人们休闲娱乐的平台和个人之间、群体之间沟通交流的渠道，这种集多种功能为一体的新媒体很快吸引了人们纷纷加入，其受众发展的速度远远超过了广播和电视。图1－6给出了我国近几年网民人数情况，可以看出每年的增长比例都在20%以上，其中2007年的增长率达到53.3%。

根据美国墨西哥大学教授罗杰斯的创新扩散理论，新事物的发展通常呈现S形，当普及率在10%~20%之间时，扩散过程会加快，直至达到一定数量之后才会慢下来。2006年12月中国互联网普及率是10.5%，2007年12月中国互联网普及率增至16%，中国正处于网民快速增长的阶段。

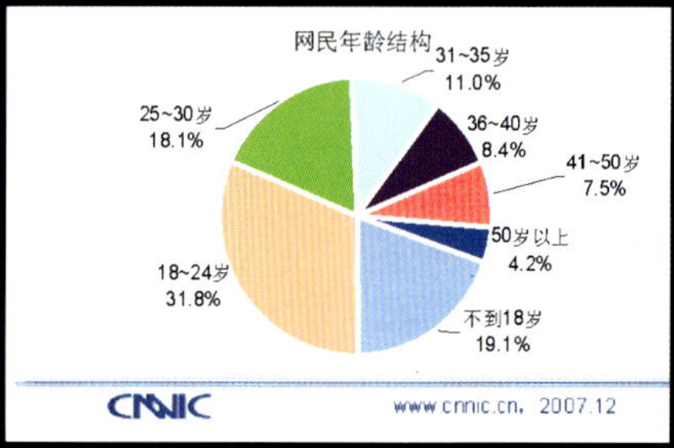

图1－5　网民的年龄结构图

二、网络媒体信息特征分析

网络媒体是一个开放的传播媒体，从技术上它是一个无中心的分布式网络，没有任何一个机构和设备能够主宰整个互联网络的运转；由于技术的原因，在信息的发布管理上也是分散的，政府部门难以对网络信息的发布实施有效的监管。因此，网络

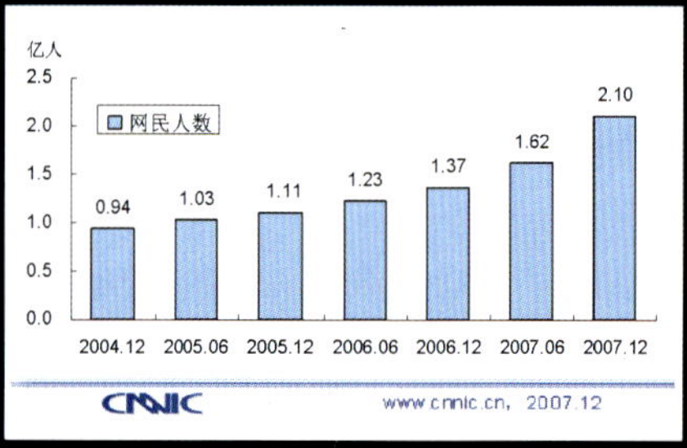

图1－6　网民数量图

中的信息具有自由发布、形式多样、高度重复、质量难控等特征。

1. 自由发布特征

要在网络上建立一个自己的网站，无论是政府、企业、学校，还是个人，只需要向互联网络管理机构申请一个域名就可以了。在我国，互联网络的管理机构是中国互联网络管理中心（CNNIC），设置在中国科学院，它不是政府的一个职能机构，只是一个网络的管理部门。由此可见，网站的建设不像报纸、广播、电视那样需要经过政府新闻机构的严格审批，而且网站建设的主体资格不局限于政府机构，也可以是任何企业和个人，这就为网络信息的自由发布提供了可行性。由于域名解析的技术机制，任何一个已有域名的网站都可以分配属下的二级域名，由此可以派生出更多的网站，而不需要CNNIC的审批，大多数的个人网站都属于这种情况，说明了域名的管理也是分散的。

实际上，在网络上发布信息的渠道非常多，并非一定要建立自己的网站。人们可以在BBS上发帖、可以在自己的博客上发表文章、可以在聊天室里发表自己的见解、也可以在新闻后面发表自己的评论等，这些方式的信息发布无需任何申请，显得更加自由。网络信息发布主体的多样性和信息发布的自由性，使得网络媒体非常活跃和极具吸引力。

2. 形式多样特征

网络是一个数字化的多媒体传播媒介，支持文字、图形、图像、视频、动画、声音等形式的多种数字化信息。网络可以对数字化的信息进行高度集成，将各种不同形式的信息呈现在一个网页内，这为我们充分利用各种形式的信息传播优势进行综合信息传达提供了平台，使信息的传达更加灵活，同时对活跃网站页面、增强信息传播的吸引力开创了新的空间。在图1－7所示的新华网页面中，既有文字形式的快讯，也有视频形式的访谈新闻、图像的网站标志、动画的频道标题，是集多种信息形式的典型页面。

3. 高度重复特征

网络上的信息丰富多样，但信息的重复率高。在技术上，网络信息的转载非常方便，而且很容易、很迅速，例如：2008年的5·12汶川大地震发生后，数分钟内地震的消息就在网络上随处可见。此外，网络中的网站数量远比传统媒体多，而且每个网民都是信息采集人，不像传统媒体那样主要依靠有限的职业记者采集信息。任何一个有新闻价值的事件，都会吸引众多的网民关注，并通过不同的方式发布在网络上，例如，以“汶川大地震”为关键词在Google中进行搜索，可以找

图 1－7　具有多种信息形式的页面

到 150 多万条与此相关的中文消息，但其中绝大多数是对同一信息的重复发布。

网络信息的高度重复特征是对网站设计的一个极大挑战，要像传统媒体那样依靠地域优势、行业优势来获得信息发布的垄断地位是不可能的，只有通过对网站的精心规划、设计和加工，才能从众多的同类网站中脱颖而出。

4．质量难控特征

网络媒体信息的自由发布特征使得每个网民都能够利用网络发布信息，不需要经过任何机构的审核和批准，缺少“看门人”，而报纸、电视等传统媒体的所有稿件都由训练有素的专业记者编写，且有校对、编辑、总编等多重把关，信息的真实性、写作质量、文字差错等都能得到很好控制。在网络上，除少数门户网站有专门的信息采编人员外，许多网站的信息都由网站主办者自己或网民编写，由于缺乏专业训练，加之网民的知识文化水平差异巨大，导致网络信息良莠不齐。虽然在网络上有许多无论思想，还是写作都很优秀的高质量信息，但也有一些信息存在主题不突出、错别字多、逻辑混乱等质量问题，甚至谩骂、诽谤、色情等信息也充斥在网络中，有的还为了个人利益发布虚假和欺骗信息，骗取他人的财物。

网民在网络信息的发布中也表现出了很强的创造力，他们创造了一系列的网络语言和表情符号，虽然从传统的语言文字角度看他们不符合信息传达的规则，但在网络环境中得到普遍认同，能够达到沟通和交流的目的，并增强了交流的乐趣和愉悦感。

三、网络媒体信息的传播效率

信息传播过程包含四个环节，第一个环节是传播者对信息的加工，第二个环节是媒介对信息的传输，第三个环节是受众对信息的接收和理解，第四个环节是受众的信息反馈。我们将从各个环节来分析网络媒体的信息传播效率。

1、信息加工环节的效率

网络信息的加工是目前各种大众传播媒体中效率最高的。对于网络中的文字和图像信息，由于超级链接的技术特征和信息容量的可扩展性，网页的版面无需因为信息不同而改变，只需要将计算机录入的文字和数字图像通过网站的后台管理程序上载到相应的位置即可；而报纸、杂志由于每次出版的信息不同需要重新规划和设计版面。网络信息也没有制版、校色、印刷这些漫长的加工环节。对于网络来说，声音和视频信息在利用计算机编辑之后，即可直接上载到网络进行传播；而广播电台、电视台由于节目的时间安排限制，对声音和视频需要进行剪辑、编辑、录制播放带等大量的工作环节，并需要对节目的播放时间进行精确控制，信息加工有一个较长的过程。

2、信息传输环节的效率

报纸、杂志、书籍之类的信息媒体，由于是采用交通工具和人工传递来实现信息传输的，在传输速度上无法与以电子方式完成信息传输的广播、电视、网络等媒体相比。广播、电视、网络从媒介的物理传输速度看，并没有太大差异，但广播、电视由于是线性信息编排方式，一天的节目是按照预先确定的节目表进行顺序播放的，且每天的播出时间是有限的，最多不能超出24小时，不可能随时传输已经加工好的信息，而网络媒体在信息加工后，便可以立即开始传输，且不受信息容量和播出时间的限制。

在信息的扩散速度和扩散范围方面，网络媒体与其他媒体相比，也具有很大的优势。网络媒体信息的转载非常快捷，在任何一个网站上制作一个超级链接就可转载其他网站上的信息，即使通过复制、上载的方式来转载，也最多需要数分钟的时间就可完成转载的过程，对于重大事件的信息，网络具有非常快的扩散速度。在扩散的范围上，由于网络是一个覆盖全球的媒体，网络信息可以扩散到任何拥有网络的角落。

3. 信息接收和理解的效率

信息接收和理解的效率与三个因素有关，一是信息接收的方便程度，二是信息接收需要的知识和能力，三是信息形式的易理解性。

从信息接收的方便程度看，报纸之类的纸质媒体最为方便，获取信息无须专门的设备，而且携带方便，对环境也没有特别的要求，无论在汽车、飞机上，还是在室内、野外等都可以阅读；其次是广播，接受广播信息的设备体积小，携带也较方便，而且人们可以一边干活，一边收听广播，无需专门的环境条件，只要能够接收到广播信号的地方均可以收听；此后是网络，接收网络信息需要计算机、电源、网络接入端口等，对设备、环境有较高要求，但随着IT技术的进步，笔记本电脑、掌上电脑、膝上电脑等的应用会更加普及，无线网络覆盖范围也将进一步扩大，手机上网功能将进一步完善，网络信息的接收必将更加方便；最后是电视，电视的音像信息效果虽然有一定优势，但需要高质量的电视机和信号接受端设备，不仅设备体积大，不能随身携带，而且对观看的环境空间也有较高的要求，播放不同信息的时间也有限制，虽然手机3G技术可以接收电视信息，但其效果与网络视频节目是相似的，会失去传统电视的音像效果优势。

从信息接收需要的知识和能力上看，广播的要求最低，收音机的使用很简单，学习起来容易，而且听觉能力是正常人都具备的，不需要专门学习；其次是电视，电视机的使用比收音机稍微复杂一些，但总体来说也比较容易，电视中的影像和声音大多是现实生活的缩影，大部分信息，只要具备生活常识的人都能正常接受；此后是报纸，虽然它不需要专门的设备，不需要任何使用设备的能力，但它要求受众具备文字语言的阅读和理解能力，文字认识和理解能力差的受众，接收文字信息的速度就慢，如果不识字，就根本无法接收文字信息；网络对受众的要求最高，受众不但需要有文字的认识和理解能力，而且还需要具备计算机、网络使用的基本知识和能力，这些方面能力越强的受众，在网络中获取信息的速度就更快，效率就越高。

从信息形式的易理解性上看，网络具备了其他媒体的各种信息形式，可以做到图文并茂、动静结合，而且在信息内容中可以添加超级链接来做一些补充解释、说明，使信息的理解更加准确、完整。

4．信息反馈的效率

由于网络是一个交互式的媒体，在信息反馈效率方面具有其他媒体无法比拟的优势。报纸无法实现实时的信息反馈，读者只能借助于书信、电话、电子邮件来反馈信息，而且对反馈的信息也无法及时和全面的登载；广播和电视同样也无法实现信息的及时反馈，虽然现在的广播和电视也开展一些与受众实时沟通和交流的节目，但无论时间的长度，还是参与的受众都十分有限，且都需要借助于电话、短信、邮件等手段来完成。只有网络信息的反馈是直接利用网络媒体本身来实现信息的实时反馈，而且不受时间和受众数量的限制。我们可以在看到某条新闻后，立即加上自己的评论，并可以让新闻的发布者和所有受众及时形成围绕主体的讨论。事实上，在网络中传播者和受众是随时可以相互交替的。

教学导引

1. 教学目标

本章把网络作为一种传播媒介，从发展历史、分类、信息特征、传播特征、设计特征、受众人口统计特征几个方面进行了概述。通过本单元的学习，为网站的规划与设计作好基本理论和实践认知的准备，培养学生从信息传播的角度，并根据网络媒介特点来分析网站设计问题的基本能力。

2. 教学重点

网络的传播特点、网民统计特征、网络信息特征、网站设计的挑战是本单元的教学重点，这些内容包括了媒介、受众、信息、设计四个方面的内容，是任何关于信息传达的设计都必须关注的重点。

3. 单元小结

网络由于军事的原因而诞生，在经历了教育、科研、政府的应用之后逐渐成长，商业的应用使网络步入了高速发展阶段。而今，互联网络已经遍布全球，成为了全球最大的通信网络和信息传播媒体，使世界变成了“地球村”。网络在各行各业都已经广泛应用，政府、企业、学校、商业机构、新闻机构等都在互联网络上建立网站，开展自己的业务，网上娱乐已经成为人们经常的娱乐、休闲方式，开设个人网站、博客已成为网民个人与外界交流思想、观点、爱好的最佳方式，成为一种时尚和潮流。

全球已有网民7.5亿，一些发达国家的网络人口覆盖率已经达到80%以上。我国的网民总数为2.1亿，城镇人口的网络覆盖率为27.3%。根据CNNIC的调查和统计分析，我国的网民具有高学历、年轻化、城镇化、高增长等特征。

网络是一种数字传播媒体，具有很强的信息综合与集成能力，无论是文字、图像、动画，还是视频、声音，都可以通过网络进行整合传播，并且彻底改变了传播者的垄断和统治地位，实现了拉式传播和传、受之间的双向互动。此外，网络还具有多种传播方式并存、信息容量大、传播及时、覆盖范围广、非线性等传播特点。

由于网络媒体全新的技术和传播特征，网站和网页的设计具有许多鲜明的特点和挑战，第一是如何解决利用多种信息形式来进行信息传达的问题；第二是如何通过设计来解决技术的限制，以及如何利用好技术来达到信息传播的目的；第三是如何面对用户获取信息的方式从阅读到浏览的变化；第四是如何解决那些数量特别多，而且不以物质形式存在，也就是我们不可见的信息的正常获取问题。

4. 作业安排

思考题：文字、图像、声音、动画、视频在信息传达上各有哪些特点？

讨论题：随着网络的进一步发展，它会取代报纸、广播、电视、书籍等传播媒体吗？

实作题：分别选择一个信息类、电子商务类、娱乐类的优秀网站浏览，并分析它在设计上的特点。

5. 参考文献

(1) 中国互联网络信息中心网站， www.cnnic.net

(2) 杜俊飞主编，《网络传播概论》， 福建人民出版社，2003年

第二章 网站规划

网站规划是立足于网站整体和长远的发展所作的计划，是网站设计以及今后改版的指导性依据。在本章中，我们将介绍网站人物角色创建、网站的信息组织与导航、网站总体形象三个方面的内容。

第一节　网站人物角色创建

UCD（User Centered Design）是一种产品设计思想，它提倡以用户为中心来进行设计，打破了在产品设计中长期以来漠视用户的局面。人物角色（Persona）是UCD中一个重要的方法和工具，在软件、网站等交互式媒体的设计中得到了广泛的应用。

一、人物角色及其意义

网站的人物角色不是一个真实的用户，他是一类真实用户的假想原型。人物角色的创建必须基于用户的调查和分析，并在设计的整个过程中把网站的人物角色作为真实的用户看待，这样才能把以用户为中心的设计思想落到实处。

1．什么是人物角色

角色的概念对我们并不陌生，我们在电影、电视剧中都可以看到各种各样的角色，有主角、配角、群众演员等角色，通过他们的扮演，使我们觉得整个故事和人物都是真实的。但电影、电视剧本身都是来源于生活，又高于生活的，并非是现实生活的重复再现，其中的角色也是现实生活中某类人群的综合概括和体现，集中了这类人群的典型事件、心理、性格等特征，演员虽然是真实的人，但他们只是扮演电影、电视剧中故事的角色，并非是他们自己的真实生活。

网站的人物角色和电影、电视剧中的角色一样，也不是一个真实的用户，他只是真实用户的假想原型。每一个人物角色都代表了一类真实用户，是利用这类用户的共同目标、特征、行为等虚构出来的，具有典型性和代表性。虽然他不是一个真实的用户，但在网站的设计过程中，我们把他作为真实的用户看待，以他为中心来进行网站各个方面的设计，从而把以用户为中心的设计思想落到实处。

一个网站不可能只为一类用户而设计，所以在网站中常有多个角色，按照Steve Mulder Ziv Yaar在《赢在用户——Web人物角色创建和应用实践指南》一书中的建议，一个网站的人物角色在3～5个为宜。太少的角色不能概括网站的所有用户，太多的人物角色又会使你设计的注意力分散，失去重点，导致设计的失败。在网站的设计中，我们并非同等对待所有用户，总是把更多的关心和注意力投放给主要用户，所以网站的人物角色也分为主要角色、次要角色、不重要的角色等。

人物角色的创建必须立足于对真实用户的调查和研究，不能根据设计小组或网站建设方的意图来进行创建。设计人员、软件编程人员、网站的建设者常以为自己也是网站的使用者，能够代表用户，或者从用户的角度来考虑，但事实上这是不正确的。离开了用户的调查研究，就失去了创建人物角色的根基，是注定要失败的。

2. 为什么要使用人物角色

(1) “我们”不是用户

这里的“我们”，包括网站的设计人员、网站建设方的相关人员、网站的编程人员等各类参与设计和网站建设的人员。我们之所以不是网站的用户，首先是因为我们的目标不同，网站的建设方总是希望能够获得更大的商业利益，也许要求在版面中留有更多的广告位；设计师们可能为了体现自己的视觉设计效果而使整个网站眩目；网站的编程人员可能会了体现自己的水平而编写出众多丰富、灵活，但难以使用的各种功能，这些都为网站的用户实现快速、高效的获取信息和完成任务制造了障碍。其次，我们对网站的了解和用户不一样，由于我们参与了网站的设计和制作，对网站的内容、结构、导航、功能等都非常熟悉，我们对自己设计的网站非常满意，并总是能够高效、正确的使用。但对于用户来说，你的网站对他们是完全陌生的，你觉得很自然的事情，对他们来说却很难，并非所有用户都具备你自己那样的专业知识和技能。我们的目标是让用户满意，而不是自己满意，只有让用户满意了，才可能让自己满意。

(2) 为所有用户设计是不可能的

交互设计专家Alan Cooper在《交互设计之路》一书中描述了为所有用户设计的一个假想汽车，为了满足一个中产阶级母亲携带孩子、宠物、购买日常用品的需要，汽车要具有足够大的空间和车门，而且安全、稳定；为了满足一个木工的需要，汽车要结实耐用、四轮驱动、能够运载梯子、石灰、木材、工具；一个年轻的主管则希望汽车动力强劲、悬挂系统坚韧、顶篷可移动，够两人乘坐即可的跑车。如果将上述需求结合在一起，就有如图2－1所示的汽车模型，就像一个怪物，而不是汽车。虽然满足了所有用户的要求，但不会有任何人去购买这样的汽车。相反，如果我们只为一个人设计，产品更能够获得成功，为年轻、时尚的人设计跑车；为喜欢自驾游的人设计越野车；为城里上班的人代步而设计微型车，这些车在实际的市场中都有众多的消费者。当然，这里所说的一个人，是指代表一类用户的一个人物角色。

图2－1　奇怪的汽车模样

与上面讲述的例子一样，网站的设计也是不可能满足所有用户需求的，每个用户都有各自不同的需求，要满足这些需求就必须提供更多的信息内容、提供更多的功能、增加更多的灵活性，结果必定是内容杂乱、版面古怪、功能难以使用，最终导致所有的用户都不满意。使用人物角色来进行设计，我们只面对少数几个人物角色的需求，而且以主要人物角色的需求和目标为主，在与主要人物角色没有冲突的情况下，再考虑次要人物角色的要求，这样就可以避免为所有用户而设计的困惑。

（3）人物角色使“为用户而设计”落到实处

在通常的用户分析中，我们总是去统计一些人口特征，诸如平均年龄、性别比例、平均文化程度、民族习惯等，然后根据这些数据去套用普遍的行为和需求，譬如年轻人喜欢活泼的色彩和版面构成，老年人喜欢淡雅、稳重的设计风格等，这些看起来都是正确的，对所有网站都适用的东西其实对网站设计的指导意义并不大，因为，它们缺乏对网站用户的针对性。我们需要的是让网站的用户满意，而不是所有的人满意。人物角色虽然是假想的，但他和真实的人一样具有自己特有的需求、行为方式、习惯等，譬如他总是喜欢蓝色调的东西，生活节俭，对有折扣的商品特别感兴趣等，这些个性化的要求对网站设计的指导更具价值，而且可操作性强。由于人物角色是网站用户的典型代表，为他而设计就能较好地将为用户而设计的思想落到实处。

（4）人物角色可以减少争论，提高效率

在网站的设计过程中，设计人员、编程人员，以及网站建设方的经理、主管、营销人员等，都会站在自己的角度对设计提出若干要求。为了协调各方面的意见，经常召开会议，会上相互之间常会争论不休，很难达成一致意见，最终也许由某个领导或设计专家独断，这样既不科学，也浪费了许多宝贵的时间。创建了具有鲜明个性和设计针对性的人物角色之后，就有了一个大家思考问题的共同基础，一切以人物角色为中心，这样就能减少争论，提高效率。

二、用户研究

人物角色创建的基础是用户研究，对用户研究的方法有定性研究法、经定量检验的定性研究法、定量研究法三种，花费的经费和时间依次增加。这里主要介绍定性研究的方法来创建人物角色，对大多数中小型网站的设计是可行的。

1. 访谈对象的选定

根据用户访问网站的不同目标将用户划分为多个细分群体，然后分别在各个细分群体中寻找访谈对象，最后根据每个细分群体的访谈结果为每个细分群体创建一个人物角色。例如：对于一个房地产网站，你可将用户划分为买房者、卖房者、中介商等细分群体；对于校园网站，我们的用户可划分为在校学生、考生、家长、教职员工等细分群体。

在选择具体的访谈对象时，应该尽可能选择差异较大的对象。例如：在房地产网站的买房者细分群体中，有经济能力强的，也有经济能力较弱的，他们的需求、观点有较大差异。经济能力强的买房者能够一次性支付购房费用，关注住房的品质、环境、价格折扣等信息；而经济能力较弱的买房者，更多关注的是住房的交通环境、按揭比例、贷款政策等信息。访谈的目的是帮助我们发现更多我们自己不能想到的用户需求和行为等方面的问题，创建出合理的人物角色。

2. 访谈对象的多少

访谈对象的多少并没有明确的界定，但并非越多越好，即使你每个细分群体都访谈了100个用户，如果没有新的发现，那也是毫无价值的。关键是要寻找有典型代表价值的访谈对象，如果选择得当，根据实践的经验，每个细分群体访谈5个左右具有差异性的用户就足够了。

3. 访谈的方法

在进行访谈时，我们每次只访谈一个用户，不要将多个用户邀请在一起进行集体访谈。一对一的访谈可以让我们更加专注，而访谈对象也会有更多的自由表达空间。如果集体访谈，总会有些访谈对象觉得受到冷落，他们不会发表任何意见；或者一些访谈对象的意见会影响另一些访谈对象，掩盖了不同意见。访谈时要营造一个宽松的环境和氛围，不要设置严格的议程，让访谈对象对你提出的问题能够轻松回答，想到什么说什么，并且随时可以对前面的问题进行补充。千万不要去打断他们，更不要去指责他们，否则他们就会迎合你的想法来回答问题，这样就失去了访谈的本质意义，得到一些虚假的资料。访谈的时间也不要太长，一般不宜超过一小时，时间长了，访谈对象就会厌烦，他们会很马虎地回答你的问题，不会得到有价值的东西。

访谈时要有专门的人作记录，如果必要，还可以采用隐蔽的录音、摄像等方式来帮助记录，这样才便于以后进行详细的研究和分析。

4. 访谈的主题

访谈的主题主要围绕用户的目标、行为、观点来进行，目标就是用户希望通过访问网站得到什么，完成什么事情和任务；行为是指用户使用什么样的方法和步骤来完成任务并达到目的；观点就是用户觉得什么样的功能是方便的、喜欢什么样的内容、喜欢哪些设计风格，以及对于收费、广告等方面的看法等。

在访谈之前，你可以预先拟定一个提纲，设置一些要询问的问题，但也不要去生搬硬套，如果你发现用户在回答问题时有许多新颖观点和想法，你可以顺着他的思路继续询问，不要顾忌是否超出了你的访谈提纲。在问题的设计方面，不要设计那种只能得到“是”或者“否”的问题，这样的问题不能挖掘到访谈对象的深层想法，不能发现他们需求背后的本质原因。问题的设计要能够让访谈对象有发挥自己想法的余地，这样才可能通过访谈得到新发现。

三、创建人物角色

人物角色的创建包括四个方面的内容：一是使人物角色具体化，让他真实可信；二是编写人物角色的介绍，揭示他访问网站的动机、目标、观点等方面的特点；三是确定人物角色的优先级，以明确他在网站设计中的重要程度；四是编写人物角色访问网站的关键场景，描述他访问网站的方法和步骤。

1．人物角色具体化

要把人物角色塑造成为我们现实生活中具有个性差异的真实人物一样，我们就需要为人物角色创建真实人物的主要特征和属性。姓名是代表人的一个符号，我们首先要给人物角色取一个名字，名字要符合大众习惯和习俗，不要使用那些明星、名人、历史人物的名字，也不要使用像张三、李四之类让人一看就觉得是不真实的姓名。形象是人的外在视觉属性，以此来辨别不同的个人，所以给人物角色一个形象就会使他更加真实。可以使用具有典型形象的人物照片，但不要使用那些名人、剧中人物的照片来作为人物角色的形象，更不要使用设计团队中某个人的照片，这样不但不真实，而且会分散讨论问题时的注意力。

除了姓名和形象两个主要的特征外，人物角色还应有性别、职业、工作单位、家庭成员、居住地、爱好、文化程度、收入状况等特征和属性，这些都应该赋予给人物角色。作为网站的人物角色，还必须创建与互联网相关的情况，如上网的年限、喜欢的网站、上网所做的事情、上网设备与网络环境等。

通过上述这些方面的塑造，使人物角色具体化，达到真实可信的目的。

2．编写人物角色介绍

经过了人物角色具体化的过程之后，再结合用户研究资料，提取出每个人物角色在目标、行为、观点方面的典型特征，就可以编写人物角色介绍了。人物角色的介绍不是一个基本情况的叙述，而是要通过人物角色自身情况的描述，逻辑地引出他访问网站的动机和需求，只有这样的介绍才能让人们感觉到真实可信。

人物角色介绍案例：

Francis 和她的丈夫 Michael 多年来一直梦想着能拥有一幢他们自己的房屋，所以他们最喜欢做的事就是在星期天的上午一起浏览报纸上的房地产版块。现在 Michaell 升了职，他们终于可以梦想成真了。不过唯一的问题在于 Francis 完全不知道应该从哪里入手。

她知道什么是他们想要的，一幢比较新的房屋、临近市区、三间卧室、游泳池。但是她也知道她得了解很多房地产知识，可与之相关的因素和需要做决定的地方多得让她感到害怕。他们能负担什么样的房屋？怎样才能避免买到他们不喜欢的小区的房屋？ Francis 完全不知道买房需要什么样的步骤，又不愿意去问有购房经验的熟人，因为她觉得问这些问题会让她显得很愚蠢。

Francis 需要的是一个能解答她的全部问题，又不会用那些让人晕头转向的术语来淹没她的网站。同时她也希望这个网站能提供给她所必需的每一样东西，帮助她完成从找房到买房的每一个步骤，这样她就不用再去访问其他的网站了。她喜欢的站点是既友好又简单的，尤其是它能记住她是谁，这样她不用每次都要输入自己的个人信息。不过最为重要的是，她希望这个网站能给她可以信赖的、有用的建议和信息。

注：本案例摘自《赢在用户——Web 人物角色创建和应用实践指南》P13，机械工业出版社，2007 年。

3. 确定人物角色的优先级

从前面的论述中我们知道，如果试图去满足所有用户的需求，这个网站必定非常庞大，而且功能繁杂，是一个什么都可以找到，但什么都难以找到的网站，最终导致每个用户都不满意，都会放弃对网站的访问。为了避免这样的情况，我们必须确定网站人物角色的优先级，优先级别高的人物角色的需求要首先满足，其次才考虑优先级别低的人物角色的需求，当发生冲突时，以优先级别高的人物角色的需求为准。

（1）主要人物角色

主要人物角色是实现网站目标最有价值的那个用户细分群体的人物角色，他的优先级别最高，他的需求凌驾于其他所有人物角色之上，例如：在一个网上书店的网站中，个体买书者是最具有商业价值的，是我们主要的人物角色。网站的主要人物角色一般只有 1～2 个，太多就会陷入多种需求矛盾的漩涡之中。

（2）次要人物角色

次要人物角色对实现网站的目标仍然有重要的作用，他的需求在与主要人物角色没有冲突的情况下，应该尽量去满足，例如：对于网上书店，那些负责单位购买图书的人员、书店的采购人员、个体书商等都具有重要的商业价值，应该作为次要人物角色加以考虑。

（3）排斥人物角色

也许通过你的用户访谈会发现一些为数不多，但需求特别的用户，他们使用网站的方式与众不同，譬如：喜欢正文使用书法字体，需要有背景音乐等。对于这类用户，我们可以创建一个排斥人物角色，以提醒我们不要把注意力放在这个人物角色上，网站不要为他而设计。排斥人物角色并非每个网站都要设置，只用于需要特别警示的情况。

4. 编写场景

要使人物角色更加鲜活，我们必须编写一些他使用网站的故事来描绘他是如何通过网站来实现目标的，以及在完成的过程中经过了哪些具体的步骤、克服了哪些困难、经过了什么样的心理变化等，这就是场景编写。场景是使用网站的理想化情景，对网站的内容设计、功能设计、导航设计等都具有指导意义。为了更好地展现人物角色，最好对每个人物角色都编写一些关键应用的场景，至少需要对主要人物角色编写场景。

场景编写案例：

王海燕快要作妈妈了，距预产期还有一个月左右的时间，她觉得是该给小宝宝准备衣服的时候了。由于自己怀胎大肚的，到商场非常不方便，让丈夫去购买自己又不放心，这几天一直为此郁闷，好在昨天和一个同事的电话闲聊中得知一个叫“乖宝宝”的网站可以购买，而且送货上门，她觉得这样既方便，又能解决她的问题。于是决定今天上网去看看，先了解一些相关知识。打开浏览器，按照同事告知的域名，在地址栏输入后很快就见到了网站的首页。在首页上她发现了一个按年龄段分类的快速搜索按钮，选择0～1岁段后，很快出现了很多各式各样的婴儿服装，有不同的领口、面料、颜色、尺寸、扣合方式等，价格也差异很大。她希望能够把范围缩小一些，于是使用了页面上部的分类筛选功能，这下就只剩下“和尚领”的了，但她仍然无法确定该买哪件，因为她不知道什么面料适合，也不知道什么样的扣合方式更好，一下子觉得有好多问题都不知道，真希望有一个专家指导。正在这时，她发现了一个“初当妈妈”的按钮，于是点击之后进入了这个页面，在这个页面上，她看到了有一些专家的建议文章，也有一个交流购买婴儿服装心得体会的论坛，她浏览了一些论坛的帖子，觉得对她很有帮助。在网上已有近一小时了，她感觉有点累了，于是把论坛页面放到收藏夹内，以便下次继续来

第二节 网站信息组织与导航规划

在确定了网站的目标和创建了网站的人物角色之后，就要着手网站的内容选择、功能设计，并确定网站的组织结构和导航方式。

一、信息选择

网站的信息选择应该以用户为中心，以帮助用户完成任务为宗旨，而不是按照网站建设者或设计人员的意图来选择。这就像我们食堂的师傅做菜一样，必须要根据就餐学生的习惯来制作菜品的味道，地处四川、重庆的学校，由于本地学生多，就必须提供以麻辣味道为主的川菜，即使食堂师傅制作粤菜的水平再高也应该如此。在师傅看来，粤菜的营养更丰富、味道更鲜美，而且制作的工艺更复杂，但在这里它不能满足用户的需求。如果没有食客，自认为再好的东西也卖不出去，最终导致的是浪费。按照网站建设者或设计人员的观点和喜好来选择信息，是网站信息选择中最常见、也是最容易犯的错误。

网站的人物角色对网站的信息选择有很好的指导作用，我们可以从人物角色的目标、行为、观点来分析出他们的信息需求，例如：上一节中的人物角色Francis，她是初次购房者，对购房的知识缺乏，加之她害怕别人认为她愚蠢而不愿意向他人请教。据此，我们可以推断：如果要帮助Francis购买到满意的房屋，我们必须要给她提供一些买房的基本知识，包括一些术语的解释、购房程序、保险、银行贷款等方面的信息内容，由于她希望听取一些有用的建议，所以还应该提供一些专家的意见和建议。总之，通过人物角色完成关键目标的过程、行为、心理需求等方面的分析，可以帮助我们合理地选择网站的信息内容。

二、信息的组织

选择并确定了网站信息之后，需要进行合理的组织，否则网站信息不能被用户有效地使用。在第一章中我们曾经讲过，网站是一个信息的黑箱子，信息都装在里面，我们不能直接看到它，只能依靠合理的组织和链接，才能一步一步地获取信息。网站信息的组织是按版块、栏目的形式来划分的，对于内容不是特别复杂的网站，一般只需要采用栏目来组织就可以了。栏目可分为多级，每一级栏目下面还可以设置下级栏目。栏目也就是网站信息的索引，就像书籍的目录一样，网站信息的获取就是根据栏目来逐级查找的。关于如何设计栏目，有如下一些方面的问题需要注意：

1. 栏目的划分

按照认知心理学的观点，人们认知事物是按照分类特征来加以识别的，因此，我们在栏目的设置上应该按照统一的属性特征将信息和功能加以分类，以符合人的认知规律，从而提高信息选择的准确和高效。例如：在新闻信息的组织中，可以按照地域属性来划分栏目，也可以按行业属性来划分栏目，但是，如果在同级栏目中混合这两种属性来划分，就会造成混乱，就会降低可用性。同级栏目之间在概念上要有明显的区分，在内涵上不能相互交叉，也不能相互包含，但上级栏目和下级栏目之间应该是包含关系，也就是下级栏目在概念上要隶属于上级栏目，这样才符合认知的逻辑。

2. 栏目名称

栏目名称首先要能够准确的表达栏目信息的内容和能够完成的任务、功能，不要含混不清，否则会让用户花费时间去分析和判断，并影响心理感受；其次，栏目名称要简洁、易懂，要避免使用生僻的字词，用户一旦不能理解栏目名称的含义，就会导致错误的选择，甚至终止网站的使用；此外，栏目名称的字数不要过多，一般不要超过四个汉字，太长的栏目名称影响选择的效率，在读音上要注意顺口，以便提高记忆度，各栏目名称的字数最好相同，使之便于区分和记忆。

3. 栏目级数

栏目级数主要与有效性和效率有关系，栏目级数越多，则信息和功能的隐藏就越深，网站用户就越难发现它，可视性就会变差，有效性就会降低。即使能够发现和找到它，也需要点击多次鼠标，会耗费更多的时间，使用效率就会受到影响。通常认为：栏目级数不要超过四级，采用扁平的栏目结构能够提高有效性和效率，但过少的级数将会导致同级栏目数量的增加，会加大选择难度、降低效率和心理体验。

三、网站导航

网站导航是通过页面之间的链接来组织访问路径，达到用户高效、准确、满意地完成目标任务的目的，所以网站导航设计的关键是链接结构的选择和人物角色的任务分析。

1. 基本链接结构

（1）网状链接结构

网状链接是在n个页面之间，从任何一个页面都可以跳转到其余的各个页面，链接关系如图2–2。这种链接关系的最大好处是到其他任何页面都只需点击一次鼠标，其不足之处是在每个页面都需要设置n–1个链接按钮，当页面数量多时，占用的屏幕空间大，且浏览者也难以选择。这种链接关系一般用在各版块首页之间、各栏目首页之间。

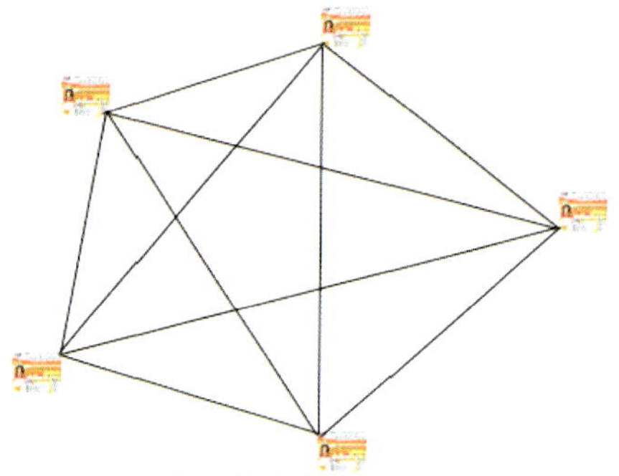

图2–2 网状链接结构

（2）树状链接结构

树状链接关系是根据信息内容，按照版块、栏目、次级栏目关系进行链接，形成像一颗树一样的链接关系图，如图2–3。这种链接关系由于按照内容的组织关系来连接，具有结构清楚、易于理解等优点。但由于每个页面都只能返回到它的上级页面，如果要从一个版块转到另一版块，或从一个栏目到另一栏目，都需要点击多次鼠标，经过漫长的等待才能到达。

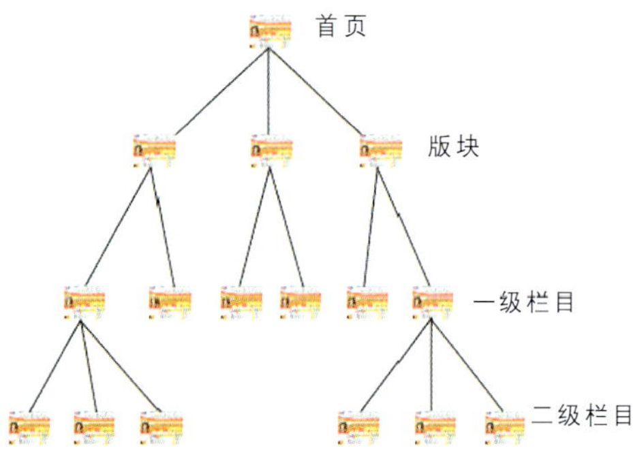

图2–3 树状链接结构

（3）混合链接结构

在实际的网站中，一般采用的是混合链接结构，通常同级栏目之间采用网状链接结构，这样有利于栏目之间的跳转；在上下级栏目之间采用树状链接结构，这样就有清晰的逻辑关系；各页面均设置有到首页的链接，使用户能够在迷路的情况下找到出口。

2. 人物角色对导航的指导

网站总体链接结构为网站的访问构建了一个基本的导航系统，为了能够为用户提供更贴心的服务，我们需要分析人物角色完成核心目标和任务的关键路径，并为他们提供便捷的导航。例如：在一个网上书店中，人物角色完成购书这个关键任务有两条主要路径，一是在首页通过搜索进入书籍列表页面→购买→结算→填写送货单；二是通过分类书店到达书籍列表页面（如：首页→艺术图书→绘画）→购买→结算→填写送货单。按照第一条路径分析人物角色王晓玲完成购书任务的过程如下：

首先，她在网上书店首页上的搜索条右边的选择栏点击了"书名"搜索并在搜索框内输入了"网页设计"，然后点击了确定搜索的按钮；

第二步，她浏览了出现的书籍列表，但觉得价格都比较高，而且折扣不多，正犹豫时发现列表下的"下一页"提示，于是点击了"下一页"按钮；

第三步，在新出现的书籍列表上，她发现了一本7.5折的《网页视觉设计》，只需要21.00元，从书名上看很符合自己的需要，而且价格也能承受。但内容到底是些什么呢？她还是拿不定主意，因为现在挂羊头卖狗肉的书太多，她心想，要是能够看到书的介绍和章节目录就好了。正在纳闷的时候，她无意中将鼠标移到图书封面的小图片上却发现有链接，于是点击了列表左边的图书封面小图片；

第四步，进入了图书介绍页面后，不仅有内容提要、编辑推荐、详细章节目录等信息，更让她惊喜的是还发现了一个"查看评论"的按钮，于是认真阅读了内容提要、编辑推荐、章节目录的信息，再点击按钮查看了关于本书的评论后，心里已作出了购买的决定，毫不犹豫地点击了"购买"按钮；

第五步，此时看到并确认自己购物车中的物品没有什么需要改变的，便点击了"结算中心"按钮；

最后，进入结算页面，填写了送货方式、地点、联系电话、联系人等信息，在付款方式一栏内选择了"货到付款"，检查填写的信息无误后按下"提交"按钮，便完成了购书的过程。

从上面的关键任务完成过程的分析中我们可以看到：在书籍列表页面上，需要有"上页"、"下页"这样的线性链接，也需要有到列表图书介绍页的提示和链接；在图书介绍页面上，需要有内容提要、编辑推荐、详细章节目录等信息，还需要有评论页面的链接、购物车页面的链接。由此我们可以看到：通过人物角色关键任务完成过程的分析，可以完善网站的细部链接，使这个网站的导航系统更加完美。有了这些细部链接之后，用户完成目标任务就更高效、更满意。

3. 导航的可用性问题

人们使用网站都是通过导航来进行的，网站作为一种被使用的产品，就其是否好用与导航的设计密切相关，所以在网站导航设计中，应该像其他产品一样，把可用性纳入到设计的考虑之中。

（1）导航结构、形式与可用性

导航结构的设计要综合考虑导航深度、逻辑性、可视性等因素。导航深度决定获取信息的路径步数，是网站使用效率的重要指标；逻辑性与导航系统是否易于认知和理解相关，是网站使用必备的条件，因为网站不可能像其他产品一样附上《使用说明书》，更不可能进行使用前的培训，导航必须借助于人们已有的知识、习惯、认知逻辑；可视性与可用度相关，因为视觉是人们接收外界信息最多，也是最擅长的器官。就常用的导航结构而言，网状导航具有导航步骤少的优势，树状导航具有逻辑性强的优势，菜单导航和导航地图具有可视性好的优势，导航设计时需加以综合考虑，平衡效率、易懂、可视三者之间的关系。

（2）导航按钮与可用性

导航按钮是导航系统的外在表现形式，也是实施导航的直接作用符号，主要通过是否易于识别、易于理解、易于选择来体现可用性。从视觉注意的角度看，图形按钮比文字按钮具有更好的识别性，但要借助于人的视觉经验、已有知识、惯例，并通过形状、形态、位置、大小等因素来设计，并与插图有明显的区分。当使用没有文字说明的图形符号作为按钮时，必须考虑该符号含义的准确性和公认性。从易于理解的角度看，文字按钮具有更准确的优势，通常用加下划线的惯用方法来区别于正文文字。在导航按钮设计上为了体现对正确识别的确认和提高易选择性，应在一旦鼠标滑入时可通过色彩、形态、声音以及光标形态变化等方式加以提示。

（3）导航布置与可用性

导航的布置要从惯例、注目、集中、一致四个方面来增强可用性。惯例是人们使用网站时已经形成的习惯，习惯了的东西就会觉得轻松和自然，譬如：在进入网站后，我们很自然地就会到页面上部去寻找导航。如果打破习惯，会让人不知所措，导致效率的降低，增加错误的发生。注目是通过导航的布置来提高导航的可视性，有关调查表明：视区中上部具有最高的注目度，左边比右边的注目度高，顶部和底部注目度低。集中是指将导航按钮相对集中布置在一个区域，以提高导航选择的效率。一致是指各页面导航布置的位置、形态要保持一致，以提高导航的易识别性，减少适应导航系统差异所需要的时间。

第三节 网站总体形象规划

网站总体形象包括网站域名、网站标志、网站总体风格三个部分，域名是网站在互联网络中的身份标识，我们利用它来找到特定的网站；网站标志是网站视觉识别的关键因素，通过它使浏览者在多个网站之间穿越时，知道自己当前在哪里；网站总体风格不仅决定了是否能满足浏览者的心理需求，并能给浏览者留下深刻的视觉印象。

一、网站域名

1. 网站域名的规定

为了保证域名系统的通用性，Internet 规定了一些通用标准，分为区域名和类型名，如表 2 － 1 和表 2 － 2。域名采用分级管理，除美国外，各国的顶级域名是表 2 － 1 中的国家名，美国没有国家名，它的顶级域名是表 2 － 2 中的类型名。各国在顶级域名之下，自行规定自己的地区名和类型名作为二级域名，如此类推制定出各级域名。域名的典型结构为：主机名.机构类型名.国家名

例如，四川美术学院的域名是：scfai.edu.cn，其中 scfai 表示主机名，edu 是机构类型名，表示教育行业，cn 表示中国。像 sina.com、163.com、cctv.com 等域名中没有国家名，这些网站虽然在中国，但它们是在美国申请的域名。

表 2–1 部分国家或地区的顶级域名

国家或地区	域名	国家或地区	域名	国家或地区	域名
澳大利亚	au	英国	uk	荷兰	nl
巴西	br	香港	hk	新西兰	nz
加拿大	ca	印度	in	葡萄牙	pt
中国	cn	日本	jp	台湾	tw
德国	de	韩国	kr	新加坡	sg

表 2–2 部分常用行业类型域名

行业	域名	行业	域名	行业	域名
商业类	com	军事类	mil	政府部门	gov
教育类	fdu	网络机构	net	非赢利组织	org

2. 域名设计

这里的域名设计实际上就是主机名的设计，因为网站的行业和所处的国家、地区已经确定。此外，主机名可以有重复，但完整的域名在互联网中是唯一的，不能重复，在主机名设计好后，应该把完整的域名输入浏览器地址栏测试，看是否已经被他人注册。

（1）域名设计的基本原则

A. 简洁

网站的主机名要简洁，3~6 个字符最好，太短了容易记忆混淆，太长了又难以记住，而且输入域名的时间也长。我们熟知的IBM、Yahoo、Sina、Baidu等网站主机名都很简洁。

B. 易记

让浏览者记住你的网站主机名是网站成功的第一步。网站的主机名除简洁外，应按一定的规则构成并读起来顺口，利用与浏览者的已知信息产生联系的主机名也能有利于记忆。如：四川美术学院的主机名 Scfai、重庆大学的主机名Cqu等都是由英文名的首字母组成，简洁而有规律；Yahoo、Sohu、3721等主机名读起来很顺口，很容易记住；IBM、Microsoft、Haier等一些著名企业，则是直接利用众所周知的公司名称作为网站主机名，浏览者不需要专门记忆。

C．新颖

人们对于有新意的东西总是会投入更多的注意，珠穆朗玛峰是世界最高的山峰，8848米是我们熟知的珠穆朗玛峰的海拔，以8848作为主机名，与该网站勇攀电子商务顶峰的目标有很好的结合，非常新颖。51job是一个求职网站的主机名，如果利用数字的谐音，就成为"我要工作"，这个主机名不但好读、好记，而且与网站提供的内容和服务紧密地结合起来，丰富了域名的含义，创意非常新颖。

（2）主机名设计的常见方法

A．首字母组合法

这种方法就是利用现实社会中机构的英文名称的首字母组合来作为本机构网站的主机名，其特点是规律性强、易于理解、便于记忆，但没有什么新意，适合于那些英文名单词个数较多的机构网站。中国银行网站的主机名BOC、中央电视台网站的主机名CCTV、中国科学院的主机名CAS等都是这种方法构成的。

B．机构全称法

这种方法直接使用机构的英文名称或汉语拼音名称作为网站的主机名，其特点是不用特别记忆，只要知道机构的名称就能访问网站，适合于名称较短而较为知名的机构。耐克的主机名Nike、微软的主机名Microsoft、联想的主机名Lenovo、海尔的主机名Haier都是这样构成的。

C．联想创意法

这种方法将网站的目标、内容、服务等进行联想，创意出一个寓意深刻的网站主机名。"管它三七二十一"这句话，在我们日常生活中就有"不管怎么办都行"的意思，意味着我们不必遵守那么多规则来干某件事。于是一个提供中文上网服务的网站，为了表达它不需要记忆网站的主机名，直接输入网站的中文名称就可访问网站的这一优势，将3721作为网站主机名，巧妙地将网站提供的服务和日常谚语关联起来。类似的例子还有珠穆朗玛峰高度与网站勇攀电子商务高峰目标之间的联想形成的8848主机名，由"芝麻开门"使阿里巴巴获得无数宝藏的故事联想而形成的电子商务网站主机名Alibaba，由动物"狐"的灵性联想而来的搜索网站主机名Sohu等。

二、网站标志

在现实社会中，一个城市、一个企业、一个学校为了打造自己的形象，都会设计一个自己的标志。标志是一个代表社会特定事物、活动、团体或个体的视觉符号，我们看到一个标志，就会想到它代表的机构，以及它的产品、服务等。图2－4是我们生活中常见到的标志，不需要说明大家都会知道它代表的机构或企业，因此标志具有很好的识别作用。

网站存在于虚拟的网络社会中，浏览者常频繁地在多个网站之间穿越，对识别性的要求比现实中的机构和企业更加迫切，为网站设计一个好的标志非常必要。网站标志除了推广机构形象和识别作用外，许多网站还把它作为返回首页的链接按钮，使它具有功能性。

网站标志有三种常见的类型：一是以具有代表性的图形符号或机构标志与网站域名结合构成的网站标志，典型的有腾讯、阿里巴巴、凤凰网等，如图2－5所示；二是将网站名称、域名字母作为视觉元素设计构成的网站标志，典型的有搜狐、百度、新华网、新浪、雅虎、谷歌等，如图2－6所示；三是直接使用现实社会中人们熟知的已有标志作为网站标志，这样可以使网上、网下形成统一的视觉识别形象，有利于提高识别性和加强品牌形象的认知度，如海尔、中国银行、中国电信等网站的标志，都是直接使用的企业标志，如图2－7所示。

图2－4　典型标志

图2－6　由网站名称、域名构成的网站标志

图2－5　阿里巴巴、腾讯、凤凰网标志

图2－7　直接使用已有企业标志作为网站标志

三、网站总体风格

为了满足浏览者在获取信息时的心理需求和留下深刻的印象，网站应该根据信息传达的主题和受众的特点，确定一种具有个性特征的、统一的总体风格，通过网站结构组织、页面版式、图形图标、字体及色彩等因素，表现为或生动活泼、或现代时尚、或严肃稳重、或传统古朴等鲜明的风格特征。

1．生动活泼型

生动活泼的网站风格常应用于艺术、体育、娱乐、玩具、生活、宠物等类型的主题网站，针对的受众主要是儿童、青年，在视觉上让浏览者感觉到轻松、快乐、心情放松。如图 2 － 8 所示的腾讯儿童网站，采用了鲜艳的色彩、卡通的图形、曲线分割的版面，营造出了轻松、愉快、活泼的氛围和视觉表现风格。

2．现代时尚型

现代时尚风格的网站传达的信息主题与时尚相关，受众主体是青年人，如美容、时装、化妆品、手机等。在图 2 － 9 中，时尚的图形设计和精美的时尚用品图片，勾画出了时尚生活的轮廓。

3．严肃稳重型

研究机构、政府机关、法院等部门的工作需要严肃认真，一丝不苟，这些部门的网站风格应该与它们本身的形象相吻合，在网站的风格上也体现出严肃稳重的视觉印象，建立起权威性和可信度。如图 2 － 10 所示的新华网站，在版面的分割上中规中矩，图片基本上是实时的新闻摄影，色彩以沉稳的蓝色为主，版面较为简洁，体现出了严肃稳重、认真负责的态度和信息传达氛围。

4．传统古朴型

传统古朴型风格主要适用于传达民族民间传统文化、历史古迹、传统地域特色产品、传统主题游戏以及传统艺术类等信息的网站，不同的信息内容具有不同的信息受众，但在设计中一般都会采用传统的文化符号元素和艺术造型手法，色彩表现带有古香古色的韵味，表现出或历史文化积淀厚重、或清新古朴、或神秘莫测的网站风格。如图 2 － 11 所示的页面中，采用了古代画纸的色彩和纹理效果，整个页面犹如一幅传统绘画，再加上中国结、龙凤图、剪纸作品、古代画卷等元素，使网站充满了传统文化的气息；图 2 － 12 是一个古镇网站

图 2－8　腾讯儿童网首页

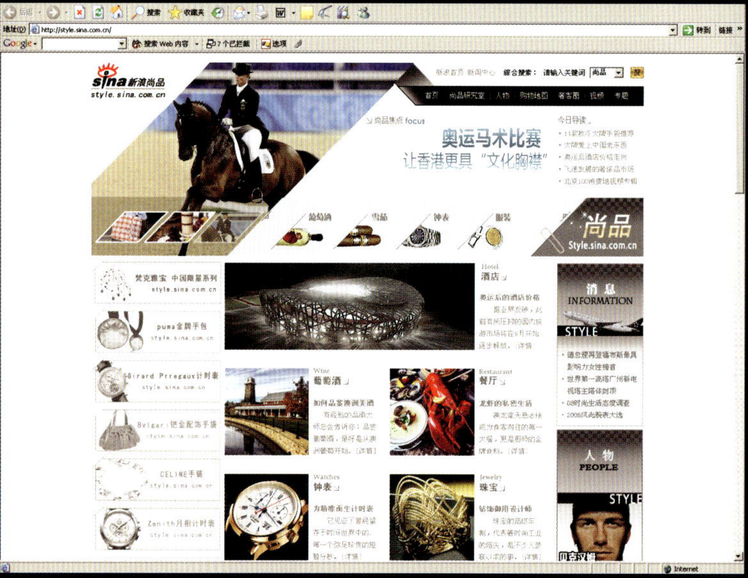

图 2－9　新浪网时尚频道首页

图 2－10　新华网首页

的首页，采用了黑色的网页背景，以清新朴实的水墨表现效果和古代建筑的屋脊、风火墙、毛笔、砚台等视觉元素融为一体，烘托出了传统古朴的意味。

图2－11　神龙剪纸艺术网首页

图2－12　木渎古镇网站首页

教 学 导 引

1. 教学目标

通过上一章的学习，学生具备了网站设计的一些基本知识，本章的学习主要为学生树立以用户为中心的设计思想，掌握其基本方法，并培养学生对网站信息组织、导航、形象定位进行总体规划的能力。

2. 教学重点

在人物角色创建部分的教学重点是场景的编写，场景编写是用户使用网站情景的设计，是贯彻用户为中心设计思想的具体方法；在信息的组织和导航部分，教学重点是信息的分类方法、组织结构、导航形式、可用性分析；在总体形象部分，教学重点是标志的设计和风格定位。

3. 单元小结

在网站设计中，人物角色是实现以用户为中心设计思想的具体方法，本章介绍了人物角色的价值和意义，以及创建人物角色的具体方法和步骤；人物角色是用户需求分析的结果，在这个基础之上，本章讨论了如何根据人物角色的需求来选择信息，以及信息的基本组织结构、导航方式，并从可用性的角度探讨了导航设计中的一些问题。最后，从网站总体形象的角度，介绍了网站域名设计、标志设计的基本方法，以及网站常见的风格类型。

4. 作业安排

思考题：用户分析在网站规划设计中的价值是什么？

讨论题：网站标志的价值何在？

实作题：在教师的指导下确定一个网站选题，创建该网站的人物角色，并编写角色简介和场景，并完成网站的总体规划报告。

5. 参考文献

(1) 范晓燕译，《赢在用户——Web人物角色创建和应用实践指南》，机械工业出版社，2007年

(2) 严富昌著，《网站策划与设计》，北京大学出版社，2004年

(3) 范晓燕译，《用户体验的要素——以用户为中心的Web设计》，机械工业出版社，2008年

第三章 网页设计

任何一个网站都是由若干网页组成的，网页不仅是信息的载体，也是体现导航、交互等功能的界面，所以网页设计的优劣，对整个网站的成功与否有着举足轻重的作用。在完成网站规划以后，如何进行网站的页面结构设计、页面信息设计、页面色彩设计，以及如何体现网站设计中的人文关怀等四个方面是本章学习的主要内容。

第一节 页面结构设计

网站的页面结构设计主要包括了网页版面空间的基本构架、视觉流程、功能分区、导航形式等内容，他们之间相互交错、相互影响，共同构成了网站页面的整体结构。为了深入学习，我们分别从页面空间基本结构、页面视觉流程、页面功能分区、页面导航形式设计加以讨论。

一、页面空间基本结构

1．网站页面空间的特殊性

网站页面设计往往被称为"页面版式设计"，但版式设计的概念源于传统平面印刷媒体，直接引用版式设计的概念对网页设计是一个误区，因为，网页的版面空间不同于传统平面印刷媒体。首先，传统平面印刷媒体如报纸、杂志、平面广告等具有固定的版面尺寸，而网页的版面空间是变化的，并可以是无限的，也不是以尺寸而是以像素计算的，其视觉尺度由浏览者显示器的物理尺寸及分辨率设置的大小决定；其二，传统平面印刷媒体的信息是静态的，而网页中的信息是动静结合，具有时间维度。

2．网页空间基本结构的主要形式

根据目前网站传播的媒体特征，以及网站界面的技术条件，可以把网页空间基本结构分为三种基本类型，即：分栏结构形式、框架结构形式和开放结构形式。

（1）分栏结构形式

分栏结构是运用最为广泛的页面结构形式，它适用于商业、门户、个人等不同信息类别的网站设计。分栏结构形式是一种规范的、理性的页面空间分割方法，是网页设计最初阶段的页面形态，因为利用表格布局是网页制作中最早，也是最成熟的方法。分栏结构形式常见的有把网页以竖向或横向分成通栏、双栏、三栏或四栏等，从形式上看，分栏页面结构类似于报刊的版式，最为有效地利用了有限的版面空间，适合于信息量大的网站。图3-1示意了几种常见的分栏结构，图3-2、图3-3是分栏结构的实际案例。

（2）框架结构形式

框架结构形式是指利用辅助线、插图、色彩等元素，使网站页面的划分按规则的或不规则的框架结构形成若干主题区域，形成页面的基本框架布局形式。框架结构形式的划分一般是根据信息内容的特点，以视觉元素进行区域安排和界定。

框架结构形式是以设定的网格线作为页面空间划分的基本框架，框架可

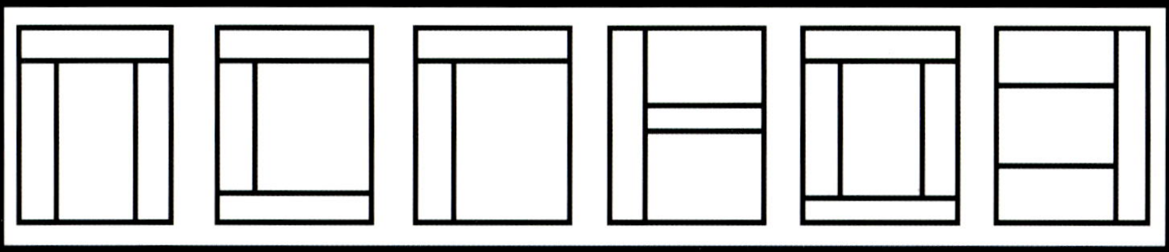

图3-1　分栏结构示意图

图3-2　www.dubshop.com的页面

图3-3　www.alutec-sports.com的页面

以是内在的、不可见的网线，也可以是外在的、可见的网线；可以是规整结构，也可以是异形结构。它是将不同的元素以一种适合浏览的方式进行组合的页面结构形式，其结构形式的变化十分灵活，不同的元素集合可构成千变万化的结构。框架的结构可方可圆、可曲可直、可正可斜、可疏可密等，具有丰富的变化，如图3－4、图3－5、图3－6、图3－7所示。

（3）开放结构形式

开放结构形式是完全抛开传统格局方式的局限，根据网站页面的信息特点进行多种方式创建和组合，大胆地综合运用平面构成原理和形式法则，特点是布局自由活泼、形式灵活多变、时尚个性，适合于信息容量不大，主题较为单一，注重企业形象和产品展示类型的网站。图3－8、图3－9是开放结构的应用案例。

图3－4　学生作业　王兴亮

图3－5　skeyes.skec.co.kr

图3－6　www.o2cinema.co.kr

图3－7　www.f1korea.go.kr/01kr

图 3—8 www.themillbank.com

图 3—9 ashbydesign.com/artofversions

二、视觉流程设计

1．网页页面的视觉流程的意义

人的视线总有一种自然的流动习惯，普遍都是从左到右，由上到下，由左上方沿着弧形线向右下方流动的过程。视觉流程设计是在遵循人们视觉习惯的基础上，通过设计来有序组织信息，让重要的信息最容易被发现，并告知正确的阅读顺序。

在网页中，设计师运用视觉移动规律，将多种视觉信息进行有序组织，引导浏览者的视线依设计师的意图进行流动，从而使浏览者清晰、流畅、快捷地接受信息。我们所熟知的几种视觉流程方式在网页设计中也得到了很好的应用。

2．视觉流程设计在网页中的应用

（1）单向视觉流程

单向视觉流程分为横向、竖向和斜向三种。横向视觉流程有稳定、恬静之感。竖向视觉流程给人明确、简洁的感觉，使信息内容的传达更为直观。斜向视觉流程使页面产生动感，以不稳定的动势引起浏览者的注意，形成一定的视觉冲击力。

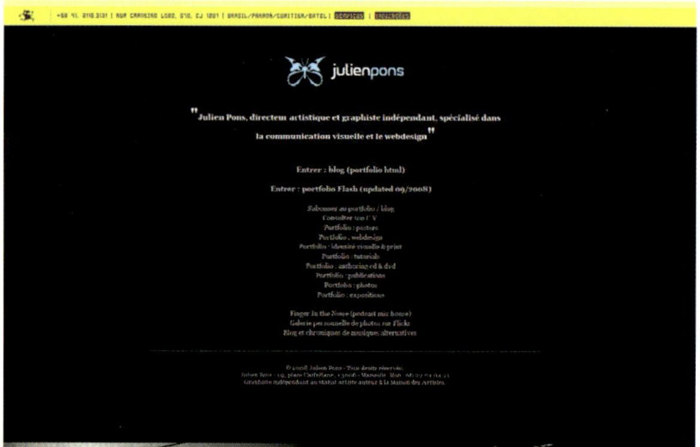

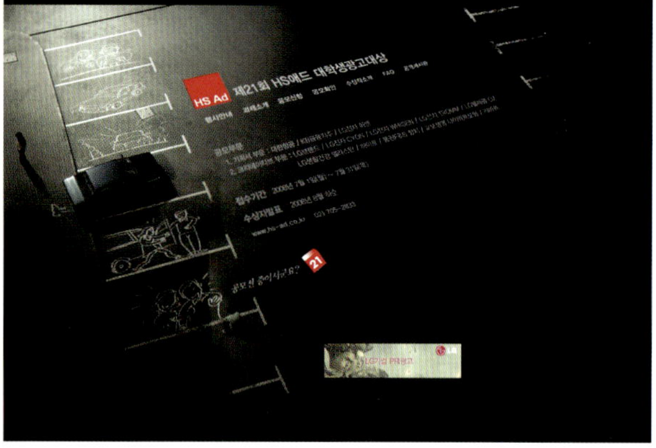

图 3—10 ekke.com.br/pt/ 横向视觉流程
图 3—11 www.julienpons.fr 竖向视觉流程
图 3—12 www.lgad.co.kr/study/main.asp 斜向视觉流程

图3—13 www.kretly.com.br
图3—14 www.hanuribook.com

（2）曲线视觉流程

曲线视觉流程是指视觉要素随弧线或回旋线运动而形成的视觉流程。它不如直线视觉流程直接简明，但视觉流程的形式微妙而复杂，更具流畅的美感，而且在页面中增加深度和动感，使页面产生更多层次，空间感增强。在图3—13所示页面中，曲线视觉流程流畅优雅，具有节奏、韵律，赋予页面中的构成元素动感和曲线美。在图3—14所示页面中，曲线视觉流程给人以扩张感和方向感，使页面具有很强的扩张性。

（3）导向视觉流程

导向视觉流程是指以视觉元素本身的形态诱导读者视线沿某种路径运动，由主及次、重点突出、条理清晰，能够非常有效地传递信息。在图3—15所示页面中，借助页面图像中的线形元素来引导观者的视线；在图3—16所示页面中，以图像中的人物朝向来引导观者的视线；在图3—17所示页面中，通过具有透视感的文字导航形式来引导视线。

（4）焦点视觉流程

焦点是指视觉心理的焦点。每个页面中都有一个视觉焦点，焦点的突出与页面版式编排、图文的位置、色彩的运用有关，同时也与对焦点的重点处理方式有关。在视觉心理作用下，焦点视觉流程的运用使主题更为鲜明、强烈。在图3—18所示页面中，鲜明的文字导航形象，完全充斥整个页面，完成视觉心理上的焦点营造，按照主从关系的顺序，使放大的主题形象成为视觉

图3—15 enfren.hankooktire.com
图 3—16 www.beyondfayte.com
图 3—17 microsites.audi.com/q7—globe

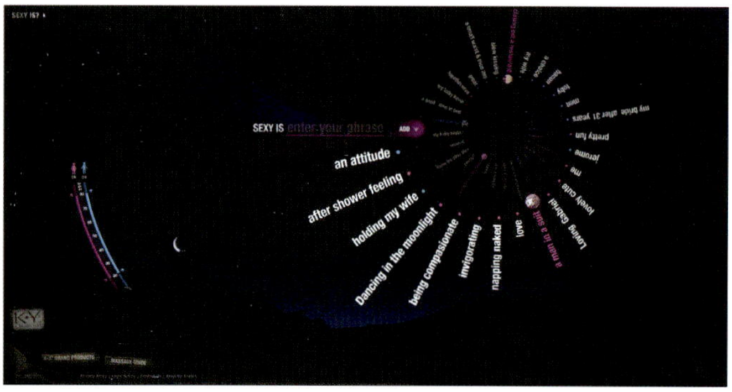

图 3–18 sexyis.keeplifesexy.com/sexyis

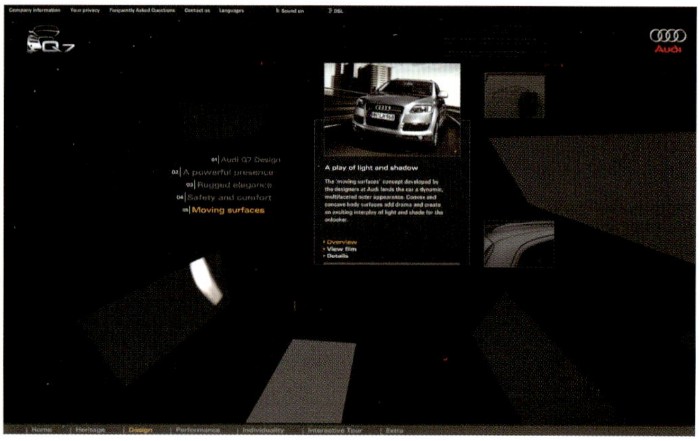

图 3–19 microsites.audi.com/q7–globe

图 3–20 www.declan.net.cn

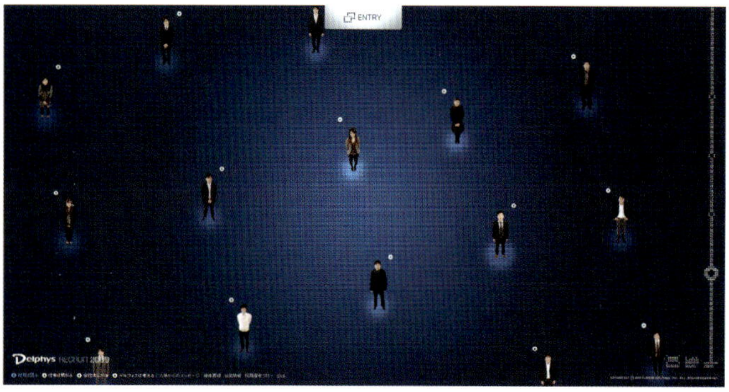

图 3–21 recruitdelphys.jp

焦点，以此来表达页面主题。

在图3—19所示页面中，通过页面版式构成元素的编排，在视觉心理作用下，通过视觉流程的引导作用，使主题更为鲜明、强烈。视觉沿着视觉焦点与力度的伸展来发展视线的进程，集合浏览者的视线。

（5）反复视觉流程

反复视觉流程是指相同或相似的视觉要素做有规律、秩序、节奏的运动，使版面更富节奏感和韵律感。在图3—20所示页面中，其视线运动没有单向、曲线、重心视觉流程运动感强烈，但随着视觉要素的变化和反复，使页面更富于节奏和秩序美。

（6）散点视觉流程

散点视觉流程是指非常规、无序、极其个性的视线引导方式，受众阅读时有很大的自由性。视线随意在版面中跳跃流动，适合感性、个性化传达的需要。如图3—21所示页面中，没有固定的视觉流动线，页面构成元素给人一种感性、自由性、随意性和偶然性的印象。

三、区域分割设计

1．页面的区域分割

区域分割设计是网页页面设计的重要组成部分。页面区域的分割方式直接影响到信息的传达和信息将以什么样的视觉形式和交互形式呈现给浏览者。根据现今网页的主流类型，结合页面信息传播目的，从页面区域功能的不同特点，可以分为网站形象区域、网站导航区域、主题信息区域、功能交互区域、信息标签区域、辅助信息区域等六大区域。而这些页面区域的设置并不是在每个网站页面上都有，这需要根据该网站的信息传播特点与页面功能需求来进行合理设计。

（1）网站形象区域

网站形象区域指以提升网站形象，强化用户认知为目的的页面区域。一般是通过网站LOGO、网站名称和一些具有代表性的图形图像等信息来体现网站形象和网站传播目的。

（2）网站导航区域

网站导航区域的划分直接影响了用户与网站的交互过程和状态。由于其重要性，大多数网站一般会根据人的视觉习惯，将其设置在引人注目的页面区域。

（3）主题信息区域

主题信息区域指用于主要信息内容显示的区域，一般所占页面面积较大。信息形式包括文本、主题图形、广告、动画、视频等等。

（4）功能交互区域

功能交互区域指为满足一些功能需求，如用户登陆、信息检索、在线调查等等，在页面中所设置的交互区域。

（5）信息标签区域

信息标签区域指根据栏目设置所划分出来的板块区域，起着信息引导的作用。

（6）辅助信息区域

辅助信息区域一般在页面底部，一般是网站版权信息、联系方式、ICP备案等信息。

2．区域分割设计分析

在图3—22所示页面中，页面区域的分割方式属于网络中较为常见的一种。网站形象区域在页面的最上方，使网站主题一目了然。将与浏览者联系最为紧密的网站导航区域，设置在页面的"最佳视域"，能够有效地引导浏览者点击，同时也能够让浏览者通过导航系统，清晰整个网站的结构关系。主题信息区域、信息标签区域和功能交互区域都设置在页面的中间区域，根据页面信息传播的重要性，以从左到右、从上到下的顺序依次排列，而辅助信息区域也和通常一样设置在页面的底部。

在图3—23所示页面中，网站导航区域在左侧，中间是信息标签区，右侧为网站形象区。

四、导航形式设计

1．导航形式分类

（1）纯文本链接形式

纯文本链接指采用系统默认文字作为导航的一种链接方式。纯文本链接在网页上运用广泛，它具有表达准确、不易产生歧义、数据量小的优点。在图3—24所示页面中，导航采用纯文本链接的形式。

（2）图形文本链接形式

图形文本链接就是在图形化的文本上设置链接的一种导航形式。设计者会根据设计的需要，通过选择不同的字体，改变其颜色，增加它们的尺寸，或

图 3—22 liuxiang.sports.cn

图 3—23 www.carphonewarehouse.com/xfacto

采用阴影等特殊效果和手段使文本图形化，从而区别于其他文本内容，引导浏览者点击。这种导航形式相对于文本链接形式更为丰富，且不受系统文字字体的限制。在图3—25所示页面中，对导航文字采用了非系统文字字体，并对文字进行了立体效果设计处理。

（3）按钮形式的导航

根据浏览者的鼠标行为，按钮可表现出不同的状态，当鼠标滑入时，按钮上的图形发生改变，从而产生交互提示，一旦鼠标按下，便会链接到目标页面。在图3—26所示页面中，色块与文字相结合的导航按钮形式简洁，制作方便。

在图3—27所示页面中，设计师利用图形处理软件，设计制作出半立体形式的导航按钮，吸引浏览者点击。

（4）弹出菜单形式的导航

弹出菜单形式的导航又可称为"隐藏式导航菜单"，是网站设计中常用的一种导航形式，这种菜单形式能够充分利用页面空间隐藏与显示更多内容，并能对内容进行合理的分类显示，是一种非常优秀的导航形式。弹出菜单形式的导航通常是指当鼠标滑过或点击按钮时，可以弹出隐藏着的导航按钮，这种导航形式可以通过JavaScript特效、Dreamweaver行为和Flash编程技术等来实现。在图3—28所示页面中，当鼠标滑过页面中的导航按钮时，相对应的二级栏目导航菜单会自动弹出。这种导航形式的优点在于更为直观地体现了网站的内容结构。

在图3—29所示页面中，导航按钮以隐藏菜单的形式出现，只有当鼠标点击页面正上方的导航菜单时，网站的导航按钮才会缓慢落下，加强了浏览者的互动体验。

（5）图标形式的导航

利用图标、图形和图片在页面上表示某些动作和内容，作为一种导航链接形式，这种形式一般情况下比文本链接更容易引起浏览者关注。在图标的设计或选择上应尽可能选用与导航内容关联性强的图标形式。在图3—30所示页面中，可以利用文字对图标加标签说明来加强和明确对图标的理解。

在图3—31所示页面中，采用鼠标滑过图标时显示文本注解的方式，帮助浏览者理解图标含义。

如图3—32页面所示，一些具有有普遍共识或表述准确、不会产生任何歧义的图标可以直接作为导航。

（6）Flash形式的导航

随着Flash技术的发展和普及，可以利用Flash脚本编程制作出丰富多样

图 3-24 www.sina.com.cn

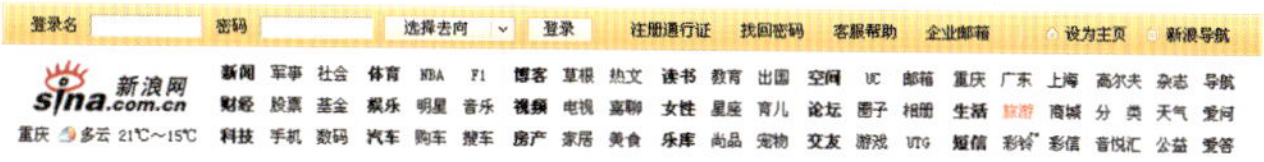

图 3-25 www.arihirvonen.com

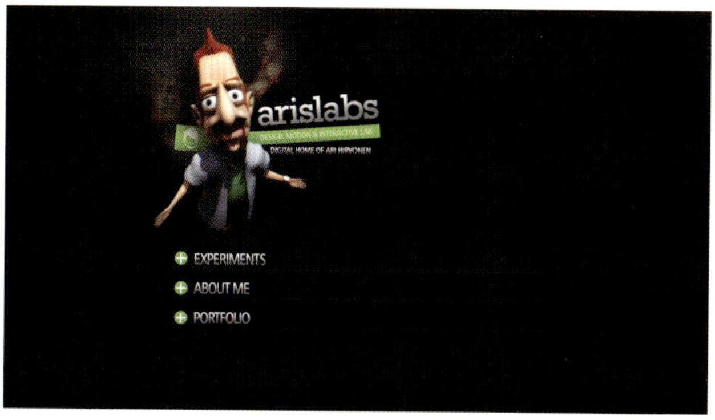

图 3-26 www.motioneye.com

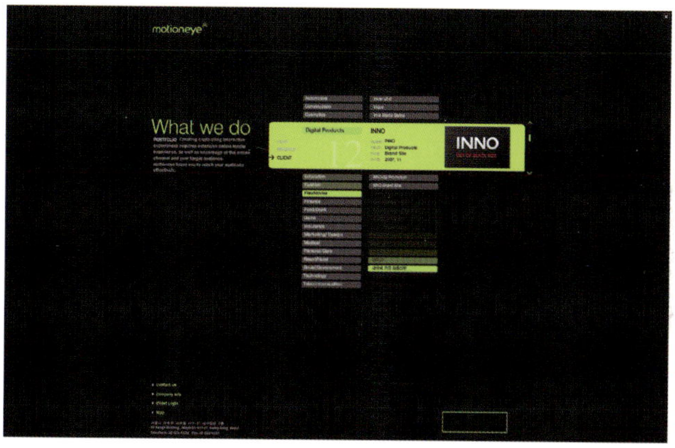

图 3-27 www.8graphic.com/ver4/8.htm

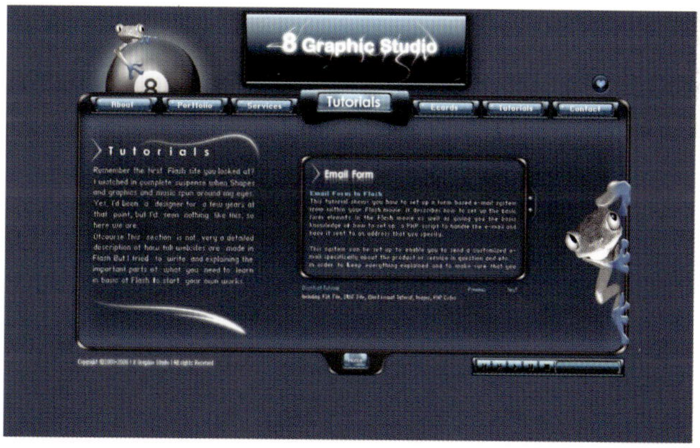

图 3-28 www.nike.com

图 3—29　ent.sina.com.cn/hjj/index_flash.html

图 3—30　www.davorvaneijk.com

图 3—31　www.theclassic500.com

图 3—32　www.cocacola.co.kr

图 3–33 www.emmemoda.eu/home_eng.html

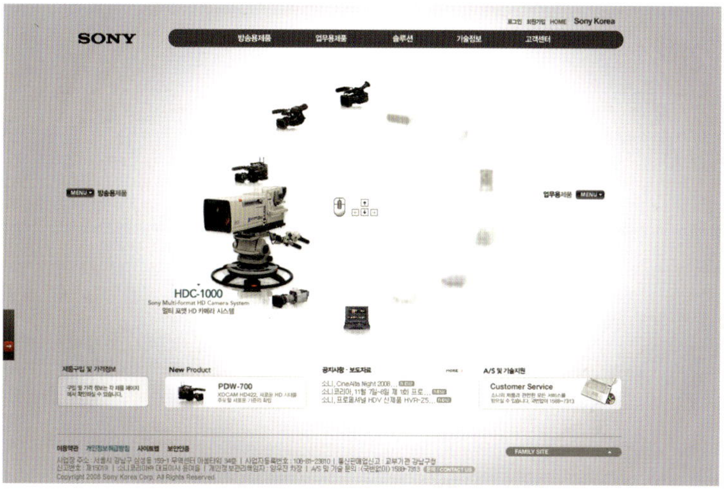

图 3–34 bp.sony.co.kr

的导航交互形式。形式多变的Flash导航按钮能吸引用户的关注，有效地引导用户点击，并能及时、准确地对用户的行为作出响应和反馈。在图3–33所示页面中，Flash花束形式的导航按钮不停地在页面中旋转变化，吸引浏览者点击。

在图3–34所示页面中，利用Flash编程制作出利用鼠标滚轴控制的导航系统。并通过提示符号，指导浏览者操作。

2. 导航形式设计规律

（1）一致性原则

在网站中，导航系统的表现形式应该保持一致，一致包括位置、形态、大小等多个方面，一致的导航有利于提高网站的易用性。反之，将加大网站的使用难度，甚至因为找不到导航而发生“迷路”的情况。在图3–35所示页面中，沙宣美发用品网站的导航按钮都是采用与主题相关的图形符号形式，当鼠标滑过会出现相应的文字提示。虽然在页面的位置有所差别，但形式是完全统一的。

在图3–36所示页面中，该学生在设计时，注意保持了网站中导航形式的一致性，虽说同一导航按钮的大小、位置等属性在不同页面中有所变化，但一致的外在形式，还是很容易被浏览者识别，可以很好地引导浏览者点击。

（2）匹配性原则

在设计导航时，应考虑与用户行为习惯和理解相匹配。在图 3–37 所示页面中，在页面的左下方有两个代表“上一页”和“下一页”的箭头图标按钮，图标形式在页面中不够明显，位置也不符合浏览者的一般操作使用习惯，很可能会被用户忽略，从而影响信息的有效传播。

（3）指导性

交互设计应通过导航提示和反馈信息来指导用户，做到“以用户为中心”。在当今导航形式的图形符号化流行的同时，应该注意合理利用文字语言系统或导航提示符号进行引导，让用户的使用过程更为顺畅。

在图 3–38 所示页面中，网站的导航交互形式较为特别，是以一个骨刺的东西去扎页面左上方布偶的形式，布偶的旁边就有一个示意图，清楚地指示出布偶的不同部位所代表的导航将要到达的页面位置。浏览者也能通过这种指导，准确地选择出将要去的页面，避免一些不必要的麻烦。

在图 3–39 所示页面中，页面布局整体性好，图形化的导航按钮形式与页面插画风格完全融合。页面各元素构成新颖、形式大胆。但在导航按钮的设计上忽略了导航的指导性，导航按钮与页面中的其他图形符号没有任何差异和提示，以至于浏览者只能去猜测或寻找导航按钮的位置，对于页面中信息的传播有一定的阻碍作用。实际上，我们可以在不影响页面整体效果的同时，对导航按钮的形式与其他图形做一些区别，如给导航按钮做一些小的动画，或是利用文字、箭头等方法对用户进行引导和提示，这样页面也会看上去更生动一些，使用也会更便捷。

图 3–35 www.vs.com.cn

图3-36　学生作业　王鸿

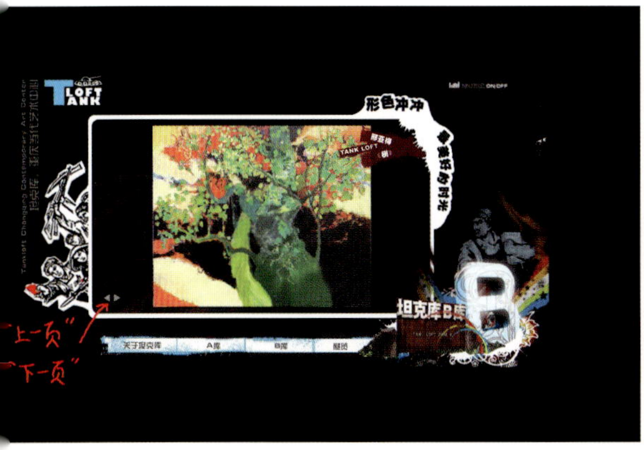

图3-37　学生作业　李龙跃、向凌波

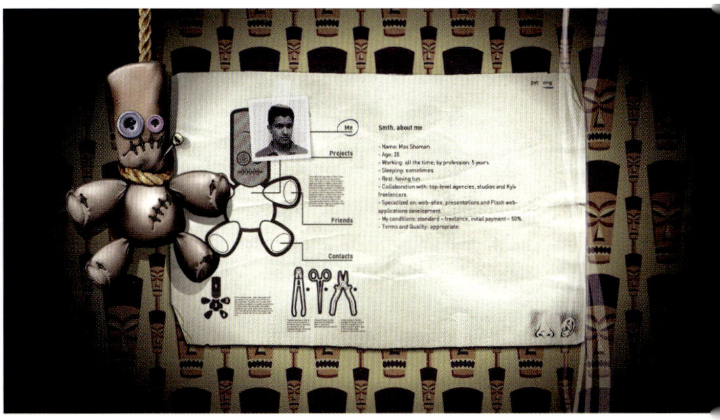

图3-38　www.maxshaman.com

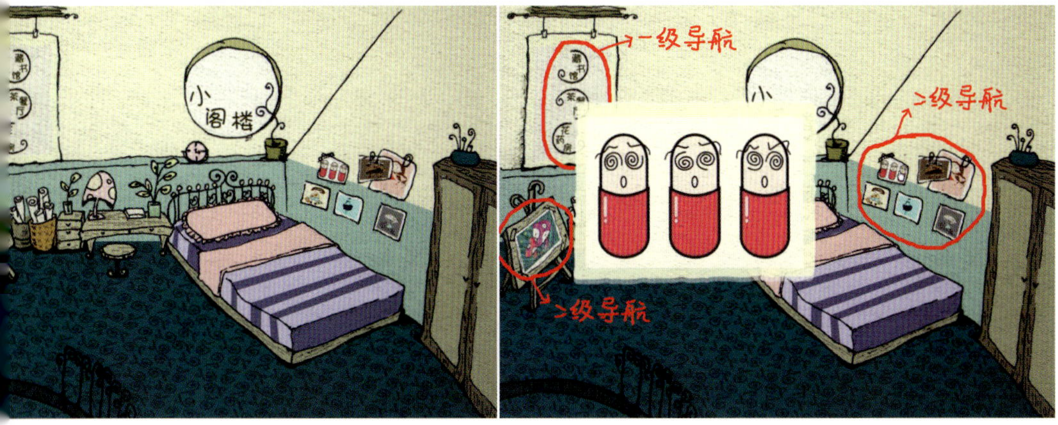

图3-39　学生作业　袁影霞

五、动与静的协调

1． 页面的动态表现与协调

单个页面的动态元素主要包括GIF动画、Flash动画、三维动画、视频、背景音乐、交互动态特效等，这些元素极大地丰富了网页的动态效果，使页面显得活泼、有生气，增强了网页的形式表现能力，并对提高页面信息注目率大有好处。但动态元素的运用也要紧扣传达主题的需要，协调整个页面的色彩气氛、视觉流程，把“动”的元素和其他“静”的元素融为一体，使二者相得益彰。不能无节制地滥用各种动态效果，使人眼花缭乱，无所适从。众所周知，运动的物体要比静止的物体更容易吸引人的视线，我们可以合理运用这一原理，在一些需要吸引浏览者视线的重要信息上做一些动态效果，有效地对浏览者进行视觉引导。如果动态元素过多，无论其位置是分散或集中都不利于信息的传达，很容易造成浏览者的视觉疲劳。

图 3–40 所示页面是韩国明星 Rain 的个人网站，页面为虚拟舞台的形式，场景中有三个不同舞蹈造型的Rain，后面有一排电视幕墙。随着音乐的节奏，三个人会依次跳舞，同时与后面的跳舞影像相映成趣，此起彼伏。

在图 3–41 所示页面中，淘宝招聘网站主题形象和建站目的清晰，通过背景图形的微微闪动，强烈地体现出 IT 企业的科技韵味，正前方的主体信息也有点屏幕扫描的感觉，吸引浏览者注意。如能微微调整一些页面中动态元素的节奏关系，会让浏览者的眼睛更舒适一些。

图 3–40 rain–jihoon.com/main.html

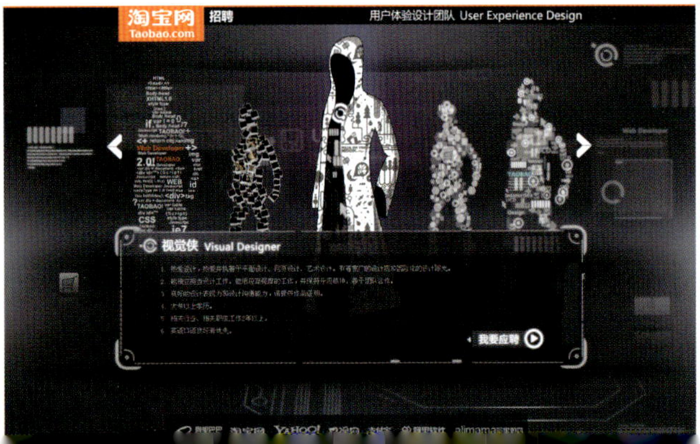

图 3–41 ued.taobao.com/job/season2/

2. 页面之间的动态表现与协调

从整体来看，页面与页面之间的动态表现是由于网页的超链接，打破了以前人们接受信息的线性方式，形成网页的多维性空间特征。浏览者可以在各页面之间、各种主题之间自由跳转，这种跳转的不确定性和运动性，形成了网页间的跳跃动感，同时也建立了浏览者运动变化的心理空间，还可以通过页面间的转场动画或页面间版式格局的变化来丰富页面的动静关系。而页面之间的转场形式，应该以用户使用体验为设计核心，合理运用动画运动原理和页面外空间原理，设计出符合运动规律，并能给用户来了愉悦感受的动态表现。在图3—42所示页面中，页面与页面之间的转场动画，利用主体形象在场景中的运动形式或内容上相互关联，作为页面转换的过渡形式。并通过特写镜头，将主体形象从场景中抽离出来，吸引浏览者的注意力，从而使页面在时空上的转换变得流畅。

图3—42 www.neostream.com

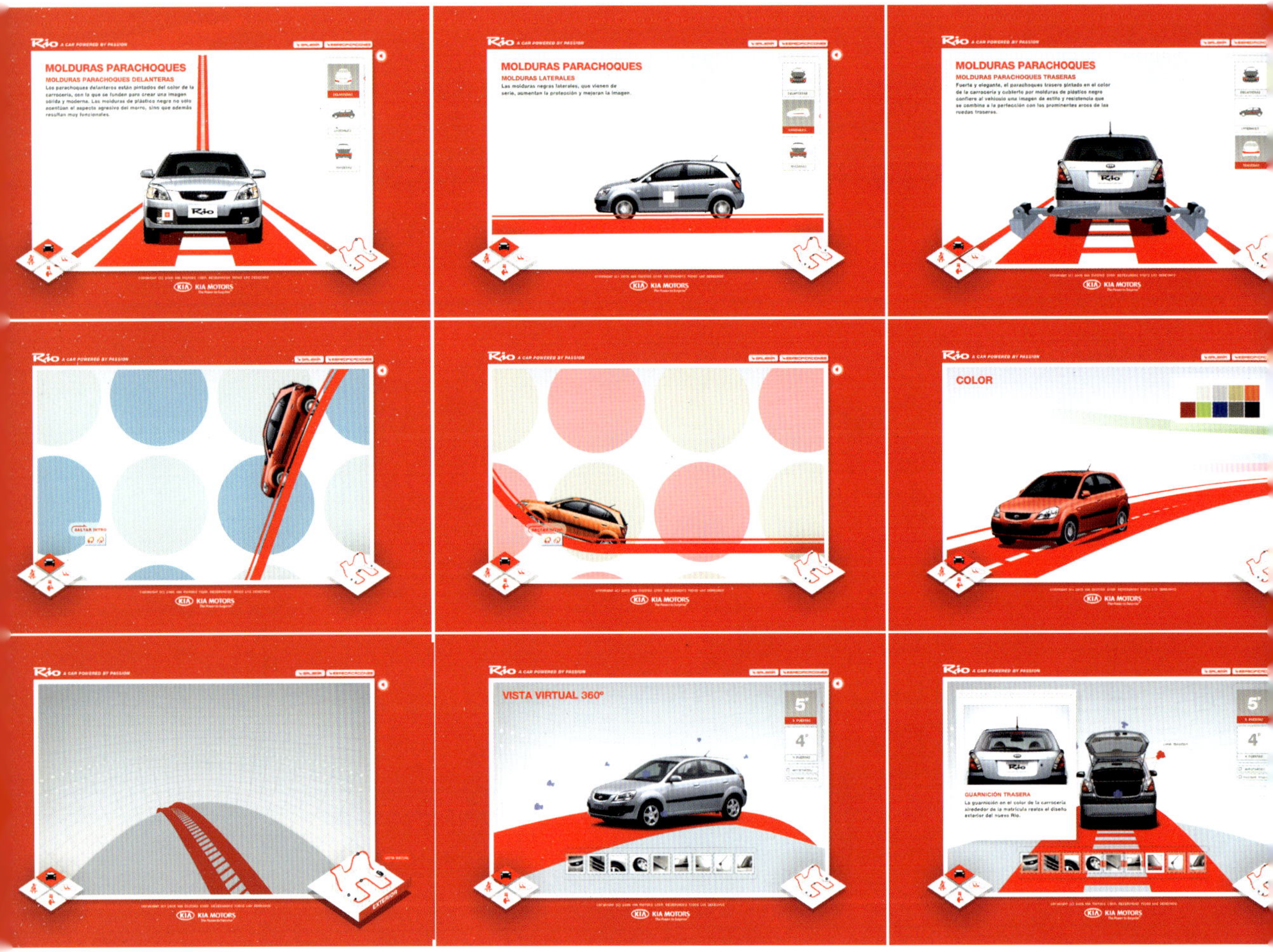

图 3—43 www2.kiacanarias.com/microsites/rio

在图 3—43 所示页面中，利用两个页面中主体形象在形状、色彩、位置与运动方式等属性上的相似性，作为页面衔接的手段，从而获得流畅、自然的转场效果，实现页面与页面之间动态转换。

第二节 页面色彩设计

一、网页色彩的特点

和印刷媒介相比，网页色彩有两个特点：一是色彩构成方式不同，网页色彩采用RGB模式，由三种颜色的光混合而产生各种色彩，而印刷是采用CMYK模式，依靠颜料对光的吸收和反射来呈现各种颜色；二是呈现的介质不同，网页在浏览者的计算机屏幕上呈现，其介质是不可能由设计者统一和控制的，而印刷媒介在纸介质上呈现，其呈现介质完全在设计者的把控之中，容易实现统一。由于呈现介质不能统一，各个浏览者看到的网页色彩就存在差异，不能充分表现设计意图。为了尽量减少这种差异，经过科学实验，推出了网页安全色的概念，即WEB颜色。所谓WEB颜色，就是在不同计算机硬件、软件环境下都能够较为统一显示的颜色集合。它的构成规则是R、G、B各分量的数值均为51的整数倍，总计有216种颜色，如图3–44所示。现在，大多数图形图像处理软件、动画制作软件都提供WEB颜色的选择，图3–45是PhotoShop调色板中WEB颜色选择的情况。

为了能够更好地体现设计意图，网页的主色调最好选择WEB颜色，如果觉得WEB颜色不够丰富，层次不够，也可选择一些其他颜色作为辅助颜色，这样就能保证页面的总体色彩关系较为统一地呈现给各个浏览者。图3–46是一个以WEB颜色为主色调的页面范例，给人以清爽、简洁的视觉感受。

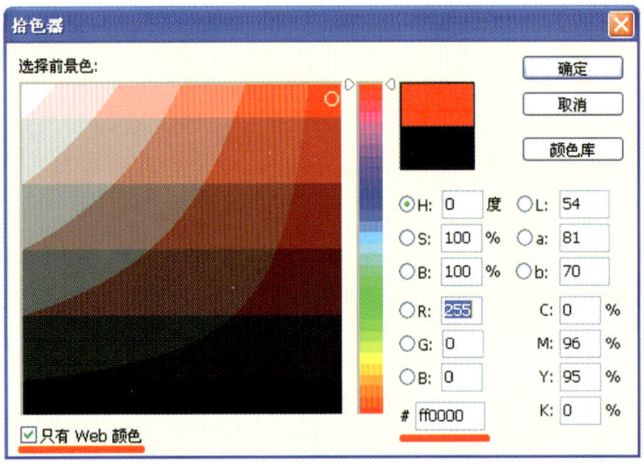

图 3－44　216 种网页安全颜色示意图

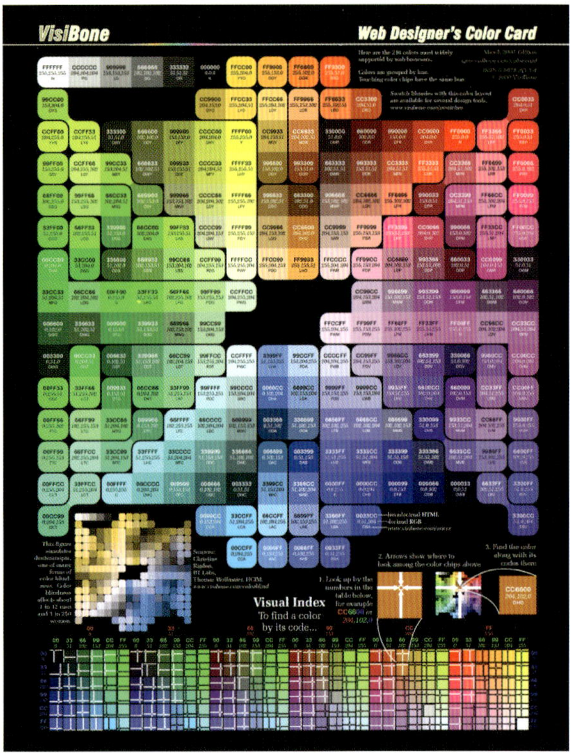

图 3－45　WEB 安全红色的 RGB 十六进制代码示意图

二、色彩与信息传达

1．视觉引导

人对色彩是相当敏感的。当用户进入一个网站时，首先攫取其注意力的就是网站的色彩。我们可以利用色彩对页面中繁杂的信息区域进行划分和归类，从而形成有序的视觉流程。在图 3–47 所示页面中，通过色彩的变化形成了由左上方沿着弧线向右下方流动的视觉引导过程。

2．突出主题

我们可以利用色彩的表情、联想、象征等特征，通过色彩的合理组织来突出主题。在图 3–48 所示电影《海底总动员》网站页面中，蓝色是海洋的色彩，是充满了幻想和神秘的颜色；黄色是阳光的色彩，具有活泼与轻快的特点，给人十分年轻、活力的感觉。该网站页面利用蓝色表达主题，利用黄色的主体形象来活跃页面，通过色彩的联想和情感的表达来突出网站主题。

3．提示关注

网页页面上的重要信息很多，又不能都放在页面的最佳视域位置上，要突出这些被迫放在非页面最佳视域位置上的重要信息，就可以利用色彩的变化来吸引浏览者的注意。比如运用一些鲜明的色彩在页面的标题区或活动区，吸引浏览者的视线或者点选。在图3—49所示页面中，利用鲜明的粉红色来对页面中的重要信息内容进行提示，起到吸引用户视线的作用。

4．营造气氛

色彩具有心理效应，我们可以据此来营造不同的气氛。在图3—50所示页面中，通过明度和纯度较低的黄灰色、绿灰色来营造和渲染战争的氛围，给人一种冷酷、惨烈、悲壮的感觉。

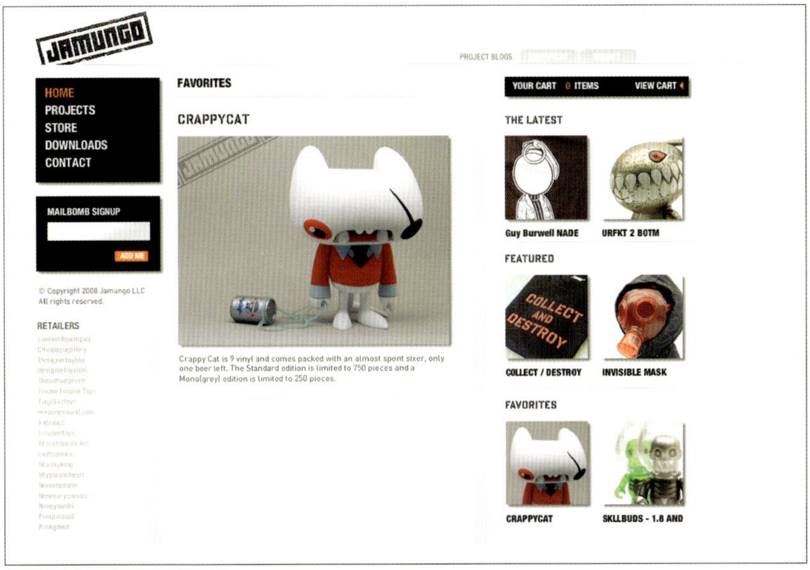

#ff6600
R:255 G:102 B:0

#000000
R:0 G:0 B:0

#e2e2e2
R:226 G:226 B:226

#ffffff
R:255 G:255 B:255

图3—46 www.jamungo.com

图3—47 www.tdjweb.com

图 3—48 upivideo.universalpictures.com/sharktale/

图 3—49 www.fastfwd.me

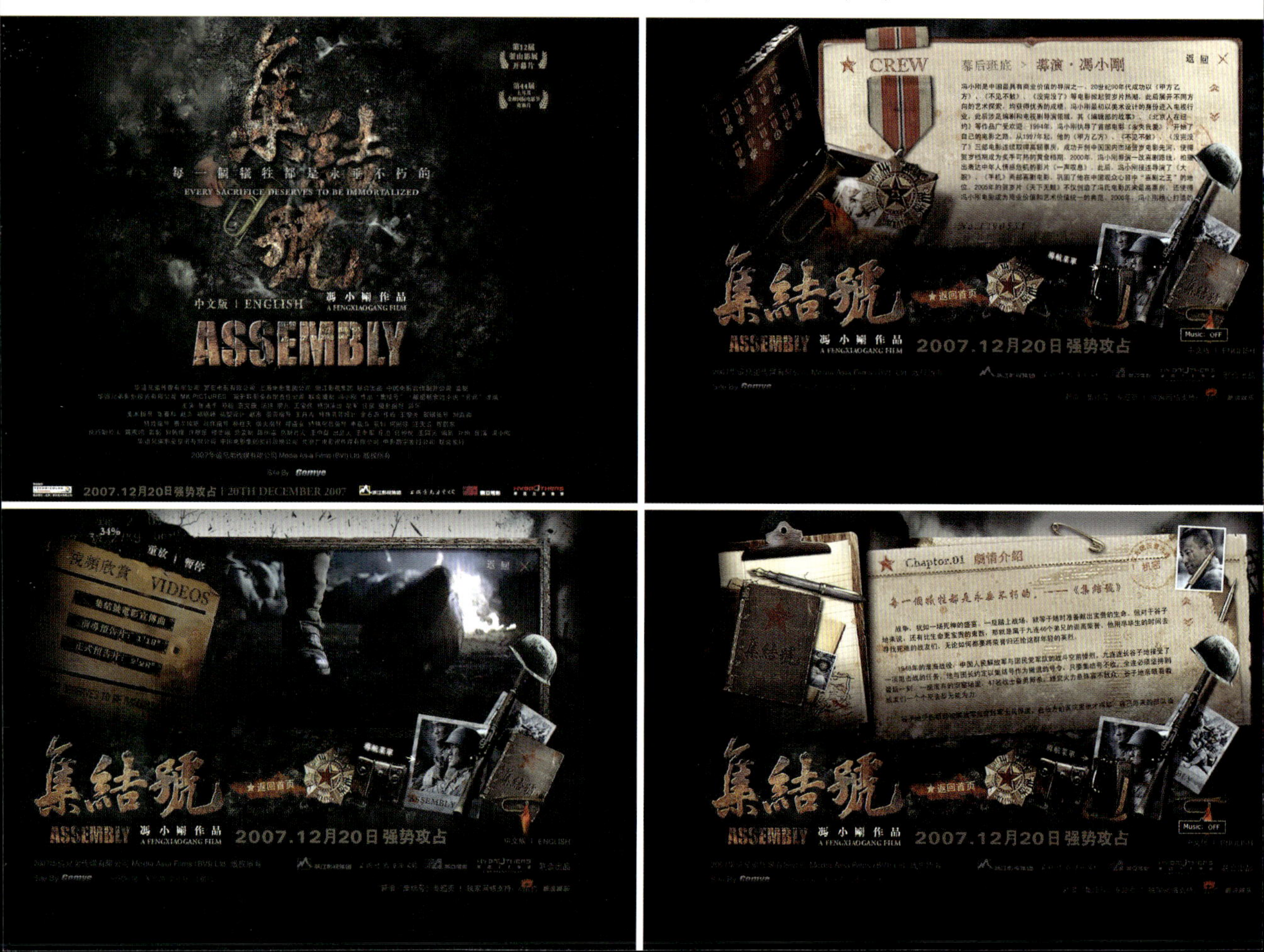

图 3—50 assembly.hbpictures.com

三、色彩与网站形象

1. 根据既定色彩

对于企业网站，首先要考虑有没有既定的色彩可以选择，比如公司VI系统使用的主题色、客户标识的标准色、甚至客户办公环境的色调等等。采用原有视觉系统的颜色作为网站主色调，可以形成线下、线上统一的合力，强化视觉印象，对企业象形塑造大有好处。如图3—51，在网站的颜色处理上以企业标识的标准色为基调，加深了人们对企业的认知度。

2. 根据网页主题

心理学家近年提出许多色彩与人类心理关系的理论。他们指出每一种色彩都具有象征意义，当视觉接触到某种颜色，大脑神经便会接收色彩发放的讯号，即时产生联想，例如红色象征热情，于是看见红色便令人心情兴奋；蓝色象征理智，看见蓝色便使人冷静下来。在进行网站色彩设计时，我们应掌握色彩对人的心理感受，并考虑到网站自身的特点，按照内容决定形式的原则，勾起用户心理上的联想，从而达到设计的传播目的。所以站点的配色方案应以站点主题为基础，采用具有代表意义的色彩。比如科技业属于蓝色系（图3—52）、医疗卫生属于绿色系（图3—53）、女性网站大多选用粉色系（图3—54）等。

3. 根据网页功能

（1）形象展示型页面

如图3—55、图3—56，企业网站和产品宣传展示网站大多属于形象展示类。这类网页主题性和目的性非常明确，就是为了形象宣传，因此页面色彩具有强烈的倾向性，能充分张扬企业和产品特点。

（2）信息发布型页面

如图3—57、图3—58，信息发布型页面偏重于信息的传递，如门户网站、电子商务类网站、行业资讯类网站等。色调过于个性或浓烈不利于用户阅读，反而容易阻碍信息的有效传播。因此这类页面在色彩的选择上应该简单、洁净、柔和。

（3）功能型页面

如图3—59、图3—60，功能型页面指搜索引擎、网上调查、BBS留言板、E—mail、聊天室等。这些页面的色彩应简洁明了，易于使用。

(4）根据用户偏好

网络媒体最大的特点是交互，交互是指浏览者和网站之间的互动并交换信息的过程，需要双方参与，因此用户成为网页信息的有效传播的重要因素。围绕用户的需求进行设计，才能得到用户的喜爱，信息的有效传播才会得以实现。如图 3–61，儿童玩具产品网站，其目标受众一般较为喜欢明亮鲜艳色彩，以及夸张的色彩搭配。如图 3–62，FUBU 品牌服饰站点，由于其产品定位在青少年，因此选用了较为积极的色彩。如图 3–63，伊卡璐草本精华护发产品的主体消费群为年青女性，因此品牌站点采用女性喜爱的粉红色系，通过亮丽的色彩使人联想到春天明媚、开放、甜蜜、芳香的场景。

图 3–51　www.lixinsun.com

图 3–52　news.qq.com/zt/2008/sq3d/index.html

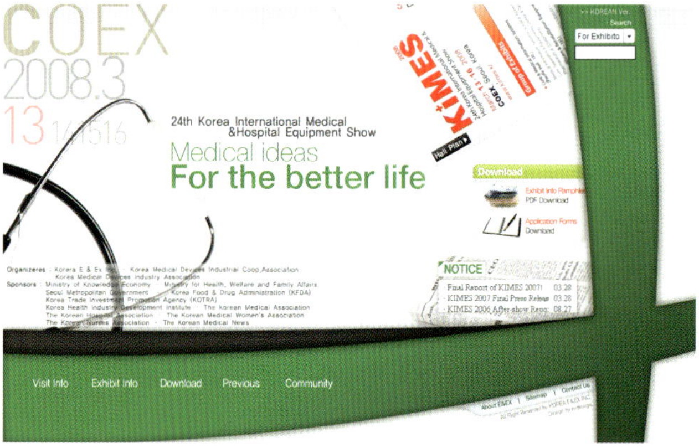

图 3–53　kimes.co.kr/eng/main.asp

图 3—54　www.blackbeanfm.com

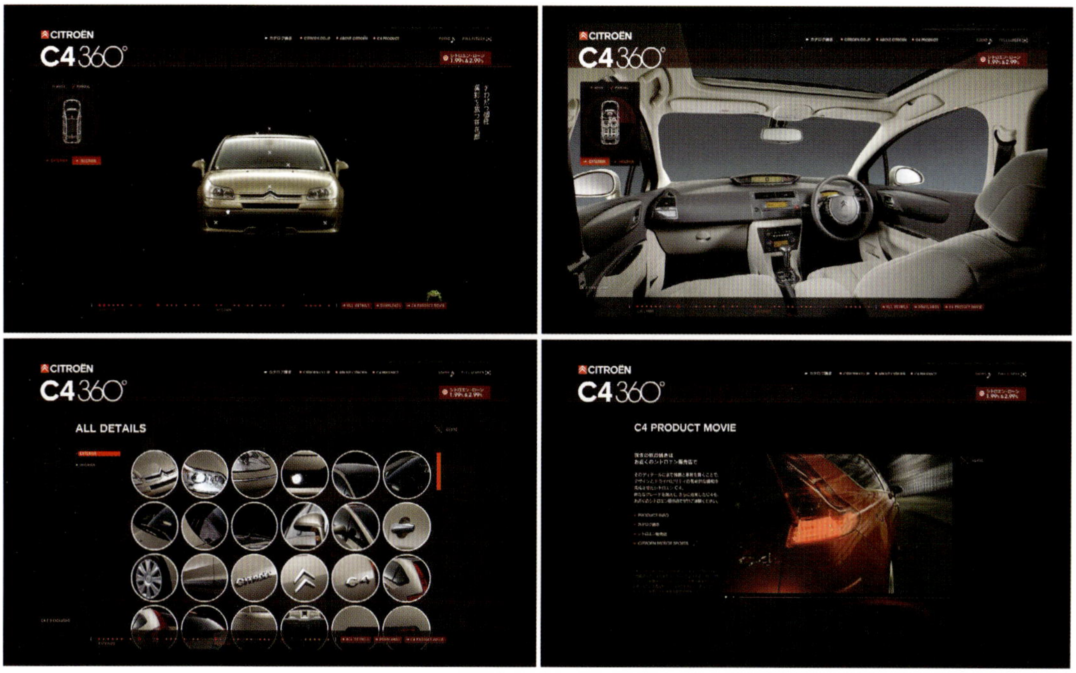

图 3—55　www.citroen.co.jp/c4/

图 3—56　www.wxss100.com

图 3—57 www.xianidea.com

图 3—58 m.qq.com/index.jsp

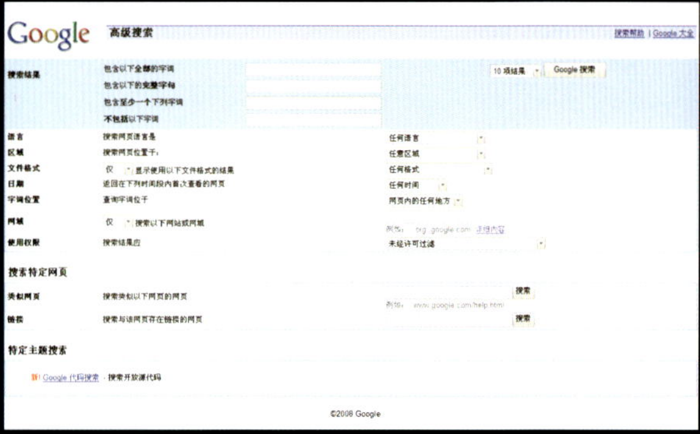

图 3—59 www.google.cn

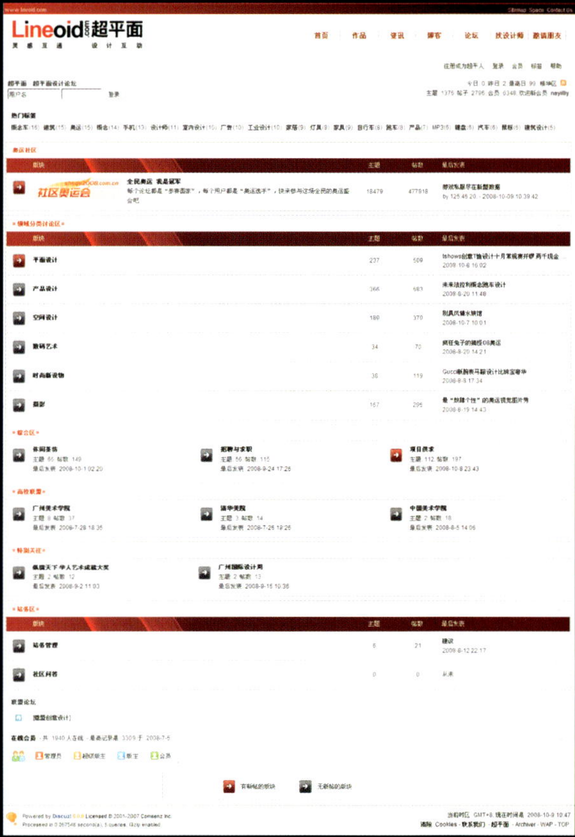

图 3—60 www.lineoid.com/bbs/

图 3–61　www.toysrus.co.kr/index.jsp

图 3–62　www.fubu.co.kr/fubu2008/

图 3–63　www.herbalessences.com/us/default.jsp

四、色彩与页面风格

色彩，是最先也是最持久地给用户以网站形象的因素。其实，网站形象是营销环节中非常重要的一个部分，网站信息空间的构造也需要恰如其分的形象包装。网站的信息内容不仅仅是由文字组成的，视觉元素在网站中也占有非常重要的地位。色彩本身是无任何含义的，有也只是人赋予它的。但色彩确实可以在不知不觉间影响人的心理，左右人的情绪，所以就有人给各种色彩都加上特定的含义。站点风格(style)是抽象的，是指站点的整体形象给浏览者的综合感受。网站的视觉形象同时也靠协调的页面色彩来体现，色彩的搭配不仅体现着美学的诉求，而且也是一种可以强化的识别信号。所以，用色彩来强化页面风格和帮助用户对网站的识别是一种重要手段。

1. 时尚的色彩表现

如图 3–64、图 3–65，灰色是一种中性色，也是一种无彩色。灰色在网页设计中的运用随处可见，它本身除了具有很强的时尚感外，并且是塑造金属质感的主要色彩之一。因而要表达时尚，最合适不过了，但要注意页面元素的构成关系。

2. 现代的色彩风格

如图 3–66、图 3–67，黑白灰具有极强的感染力，而这种颜色与一些高饱和度的鲜明色彩搭配使用，通常可以表现出都市化的现代感觉。同时结合单一的几何形态或不加修饰的线条图形要素最能表现出现代感。

#ffffff
R:255 G:255 B:255

#6b5b35
R:107 G:91 B:53

#96979c
R:150 G:151 B:156

#000000
R: 0 G: 0 B: 0

图 3–64 ent.sina.com.cn/yeyan.html

#f78c34
R:247 G:140 B:52

#27c5e6
R:39 G:197 B:230

#d5d5d5
R:213 G:213 B:213

#484848
R:72 G:72 B:72

图 3–65 www.fncmusic.com

3. 自然的色彩感觉

如图 3–68、图 3–69，在未经人工修饰的自然风景中可以很容易地找到属于自然的色彩。天空的蓝色、森林的绿色、田野和大地的米色、土黄色、褐色等都是自然印象的主角，通过合理的色彩搭配，可以给人一种朴素、舒适的感觉。

4. 洁净的色彩感觉

如图 3–70、图 3–71，洁净的色彩可以用蓝色来表现，并且可以大面积留白，甚至可以搭配灰色。

5. 传统的色彩风格

如图 3–72、图 3–73，传统的色彩就是能从古代文物、家具、服饰、生活用品中发现的色彩，它能够使人联想到历史、传统、典雅等。一般而言，色彩选择上应尽量用低亮度的色彩，这种搭配符合传统的、古典的审美情趣。

6. 动感的色彩印象

如图 3–74、图 3–75，动感的印象要求页面充斥着饱和度偏高的彩色，饱和度高、瞩目性强的色彩使人联想到活力十足、精力充沛，而适当地使用无彩色可以使对比更为强烈。

#e13f13
R:225 G:63 B:19

#f0f0f0
R:240 G:240 B:240

#c8c8c8
R:200 G:200 B:200

#ffffff
R:255 G:255 B:255

图 3—67 www.dizynotip.be/pages/dizynotipW.htm

#ffffff
R:255 G:255 B:255

#99ca3c
R:153 G:202 B:64

#53565b
R:83 G:86 B:97

#363a40
R: 54 G: 58 B: 64

图 3—66 www.zickzack.com.ar/home_en.htm

#ee9422
R:238 G:148 B:34

#ffffff
R:255 G:255 B:255

#c8d410
R:200 G:202 B:16

#8adbf5
R:138 G:219 B:245

图 3—68 www.bellecour.fr/index_site.php

#ae5c8b
R:174 G:92 B:139

#ac9576
R:172 G:149 B:118

#7ba734
R:123 G:167 B:52

#f7f6e4
R:247 G:246 B:228

图 3—69 www.dsnetworks.co.kr

#d093cd
R:208 G:147 B:205

#ffffff
R:255 G:255 B:255

#cbdcec
R:203 G:220 B:236

#3d7dc7
R:61 G:125 B:199

#d5effc
R:213 G:239 B:252

图 3—70 www.unileverprev.com.br

R:51 G:51 B:51

#51839d
R:81 G:131 B:157

#cccccc
R:204 G:204 B:204

#ffffff
R:255 G:255 B:255

图 3–71 www.eben.com

#631008
R:99 G:16 B:8

#492c1a
R:73 G:44 B:26

#000000
R:0 G:0 B:0

#979082
R:151 G:144 B:130

图 3–72 www.88xintiandi.com/sch/overview.html

#aa070c
R:170 G:7 B:12

#77644c
R:119 G:100 B:76

#3e4e4b
R:62 G:78 B:75

#000000
R:0 G:0 B:0

图 3–73 ent.sina.com.cn/yeyan.html

7. 尊贵的色彩联想

如图 3–76、图 3–77，金色历来都是一种权力和地位的象征，通过与低饱和度色彩的有力对比，形成华美高贵的视觉印象。

8. 浪漫的色彩感觉

如图 3–78、图 3–79，浪漫的色彩属于女性化的页面色彩，中紫色和品红是绝对的主角，粉红、粉绿等粉色系也是常用色相，它们能够刺激柔和的、甜蜜的情感，给人一种神秘的感觉。一般来说，女性化的页面多数是一些高饱和的搭配。

9. 阳刚的色彩表现

如图 3–80、图 3–81，低亮度的蓝色与深灰色，甚至黑色搭配，能给人一种硬朗、阳刚的色彩感觉。

10. 味觉与色彩表现

饮食文化讲究色香味俱全，其中色彩排在首位，色彩可以促进人们的食

#01c8ff
R:1 G:200 B:255

#36dd03
R:54 G:221 B:3

#fb299e
R:251 G:41 B:158

#ff5c00
R:255 G:92 B:0

#000000
R:0 G:0 B:0

#ffe700
R:255 G:231 B:0

图 3—74 www.18channel.com.cn

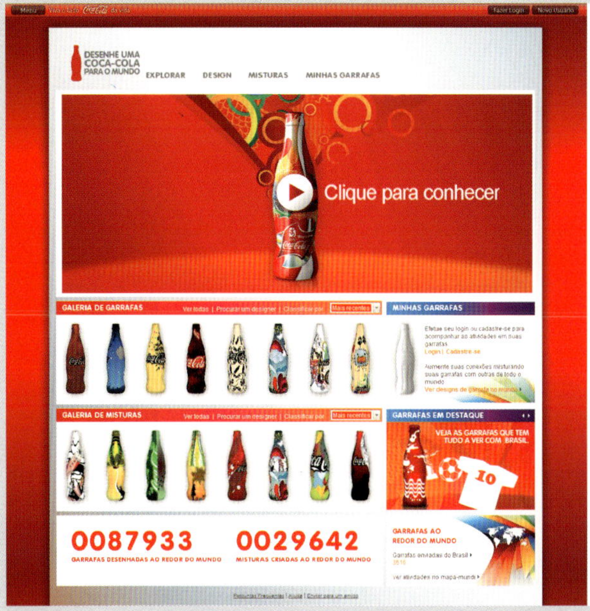

#f4ca16
R:244 G:202 B:22

#00a7eb
R:0 G:167 B:235

#dee3e7
R:222 G:227 B:231

#e40004
R:228 G:0 B:4

图 3—75 www.cocacola.com.br/desenhe/

#c8820e
R:200 G:130 B:14

#5e4d22
R:94 G:77 B:34

#a48533
R:164 G:133 B:51

#000000
R:0 G:0 B:0

图 3—76 www.dqcbd.com

#ffffff
R:255 G:255 B:255

#8a783a
R:138 G:120 B:58

#506e86
R:80 G:110 B:134

#bcaf8f
R:188 G:175 B:143

#000000
R:0 G:0 B:0

图 3—77 www.kingdom21.co.kr

R:120 G:155 B:180

#c7d59d
R:199 G:213 B:157

#ff98b6
R:255 G:152 B:182

#de147a
R:222 G:20 B:122

#000000
R:0 G:0 B:0

图 3–78 www.jdmpartners.com

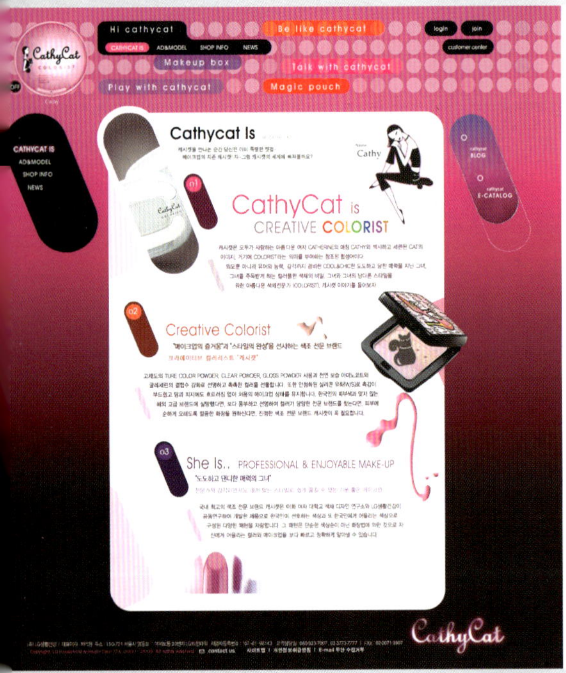

#ffffff
R:255 G:255 B:255

#ffd7f0
R:255 G:215 B:240

#fb80db
R:251 G:128 B:219

#ca0074
R:202 G:0 B:116

#280007
R:40 G:0 B:7

图 3–79 www.the–genesis.co.kr/main.html

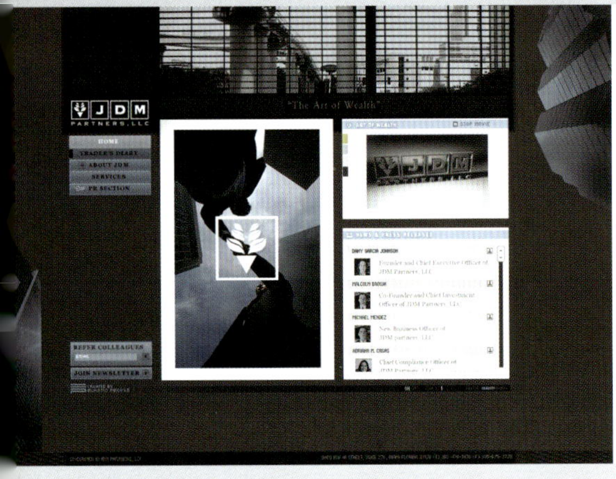

#ffffff
R:255 G:255 B:255

#adc6de
R:173 G:198 B:222

#000000
R:0 G:0 B:0

#4a5e6f
R:74 G:94 B:111

#333333
R:51 G:51 B:51

图 3–80 www.flirtcosmetics.co.kr

欲，有色彩变化搭配的食物容易增进食欲，而单调或者杂乱无章的色彩搭配则使人倒足了胃口。不同彩色光源的照射也会对食品色彩产生很大的影响。如图 3–82，冷饮采用冷色，通过蓝色与白色的搭配给人带来清凉的感觉，犹如在酷暑中吹过一丝清风。如图 3–83、图 3–84，黄色和红色是食品网站最为常用的页面色调，通过暖色调与食物图片的搭配引起浏览者的食欲。

#ffffff
R:255 G:255 B:255

#344468
R:52 G:68 B:104

#656c72
R:101 G:108 B:114

#0e1821
R:14 G:14 B:33

#000000
R:0 G:0 B:0

图 3—81 www.cathycat.co.kr

#fca703
R:252 G:167 B:3

#165394
R:22 G:83 B:148

#ffffff
R:255 G:255 B:255

#80c8ee
R:128 G:20 B:238

图 3—82 www.spriteblue.co.kr

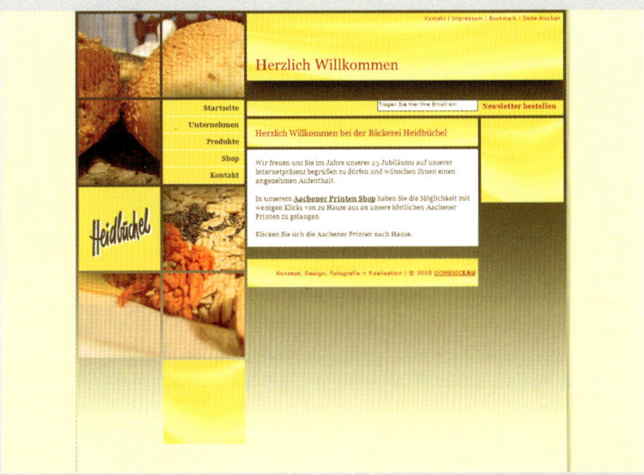

#cc0000
R:204 G:0 B:0

#89743f
R:137 G:116 B:63

#ffe720
R:255 G:231 B:32

#ffffff
R:255 G:255 B:255

#fffad0
R:255 G:250 B:208

图 3—83 www.printen—heidbuechel.de/index.html

#000000
R:0 G:0 B:0

#ffffff
R:255 G:255 B:255

#ffda00
R:255 G:218 B:0

#b20000
R:178 G:0 B:0

图 3—84 www.pringlesla.com

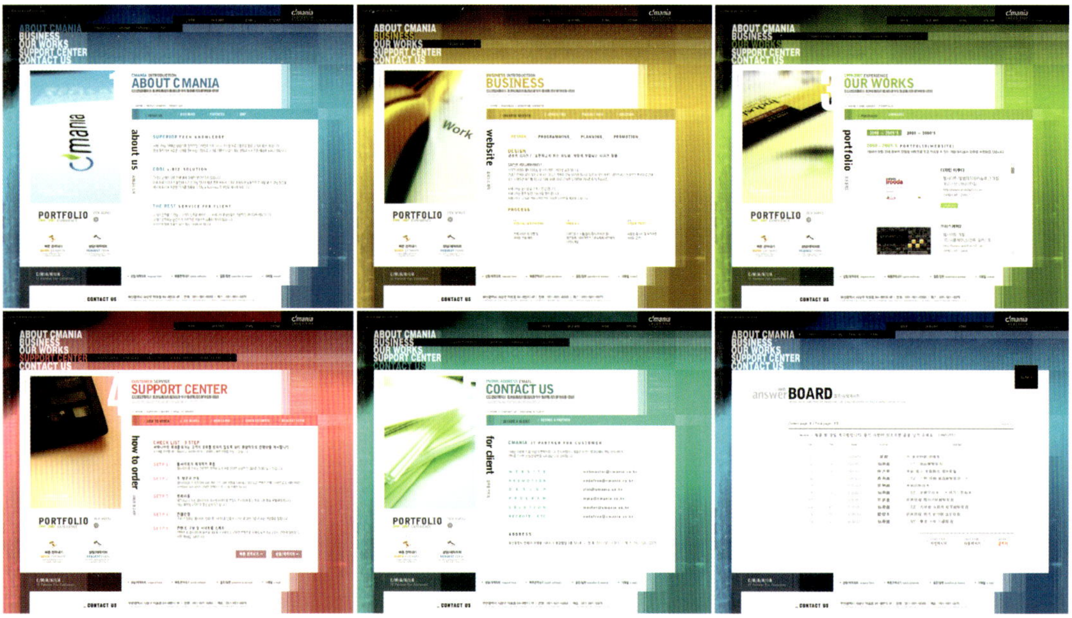

图 3—85 www.cmania.co.kr

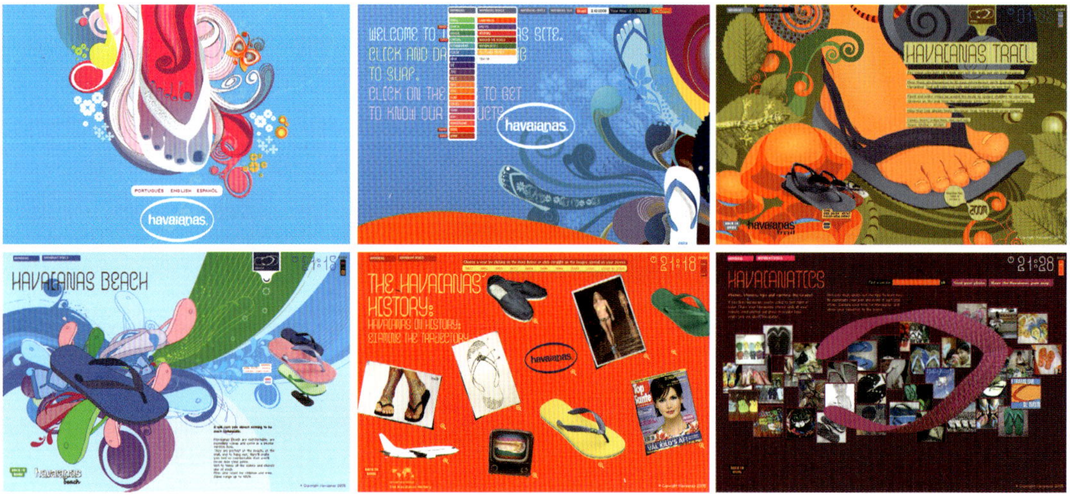

图 3—86 www.havaianas.com.br

五、色彩的流动与韵律

网页是传播信息的载体，它表达着一定的内容和主题，以满足人们的需求为设计目标。一个网站包含几个甚至几十个、上百个页面，这些页面的色彩在空间和时间上的分布关系，能给用户以不同的体验，在色彩设计时强调其统一性，有利于风格上形成统一，容易给用户留下相对整体、稳定的视觉形象。不同的色彩动态分布在网站的不同页面，通过色彩的流动与韵律的变化，使页面在统一的形式中寻得一丝变化，减缓用户的视觉疲劳感，也可以用一些局部色彩的变化来平衡页面之间的协调关系。

图 3—87 www.djcacapeiter.com.br/site/

1. 色彩的动态搭配

如图 3—85，在布局和内容形式统一的情况下，通过编写网站特效程序，动态搭配网站不同页面中的色彩，实现色调随页面跳转，而不同页面中，色彩在大致相同的饱和度调和下有序地进行变化。对浏览者来说，色彩的和谐变化有助于消除页面结构形式过于统一所带来的视觉疲劳。

2. 页面之间的色彩流动

如图 3—86，在页面形式风格统一的前提下，对网站的不同页面根据页面元素构成关系的变化而使用不同的色调。截然不同的色相在网站的各个页面之间进行穿插变化，形成页面色彩的流动，给浏览者带来全新的视觉感受。

如图 3—87，网站的不同的页面构成之间互有关联，共同形成一幅整体的画面，而每个页面的色调又会根据内容形式的变化而变化，色彩在不同的页面间流动，并且相互呼应。在页面色调的跳转中寻求网站风格的和谐统一。

第三节 页面信息设计

信息设计是网页设计中最核心的一个问题，它常常起到一种把各种设计元素聚合在一起的关联作用。信息设计需要考虑如何呈现这些信息，使用户能够很容易理解和使用它们。有时信息设计是视觉上的，有时信息设计又涉及信息的分组或整理。

一、信息设计的基本原则

1. 以人为本的设计原则

设计是为了更好地满足人们的物质欲望和心理需求，说到底是为人服务的。网络最突出的特点就是交互，交互实质上是"在两者之间（无论是生命体还是机器）连续作用和反应的过程"。网络媒体的交互是指浏览者和网站之间互动并交换信息的过程，需要双方参与。在浏览网站的时候实际上是在同它们交互，浏览过程中的感受就是一种交互体验。随着网络和新技术的发展，交互方式也越来越多。不管交互的形式怎样变化，都必须从视觉流程、视觉形式、色彩运用、操作流程、视听感受等各个方面符合受众的思维模式和满足受众的心理期望。设计者应该明白用户是所有设计的核心，整个交互过程应当由用户来控制，而不是由开发者按自己的意愿把操作流程强加给用户，不能由程序来决定用户的使用过程。所有设计都应该以适应用户的行为模式和心理需求为目标。这样，用户就不需要花更多的时间来熟悉操作流程。同时也能够预测操作行为的效果，最大限度地提高用户的操作绩效。所以，网页信息设计也必须遵循以人为本的设计原则。

2. 数据优化设计原则

网页设计是艺术与技术的高度统一，包括视听元素与版式设计两项内容，网页设计具有交互性与持续性、多维性、综合性、版式的不可控性、艺术与技术结合的紧密性等特点。有些网站为了丰富其艺术性而追赶时髦，大量使用图像或者其他多媒体元素，虽达到了形式美的效果，却造成网页数据量过大，使浏览者必须等待很长时间才能看到网站的"庐山真面目"。浏览者对此种网站的心理期望和兴趣会随着等待时间的推移而逐渐消失。这样必然会影响到访问效果和质量，损害网站的传播效果。为缩短客户等待时间，比较简单的一种解决办法是尽量减少网页上的图片与多媒体（如动画、视频、闪烁等）的使用。但随着人们对网络艺术审美需求的不断提高，这个办法已经行不通了，这时候设计者在技术范围内寻求优化设计处理方法就显得尤为重要。

3. 技术形式为艺术形式服务的设计原则

技术形式只是一种工具，是为了更好地实现网页设计中的艺术形式，而艺术形式又是提供网站信息内容有效传播的重要手段。艺术的表现是为了更好地传播信息，给人以视觉的享受。但不应把制作技术的运用来等同于网页的艺术表现。艺术表现应该包括两个方面：一方面就是通常所说的网页设计制作的视觉效果，动静相宜、构成合理、色彩协调、风格准确地反映网站属性；第二方面是网站设计的功能和使用符合人的视觉习惯、行为心理等，使设计更为人性化，而不应该用各种与设计内容不相符的计算机特效与技术来掩盖艺术设计的实质。

4. 继承与创新传统媒体的美学原则

网络媒体的意义在于它的功能与目的。网页设计是根据所要表现的信息内容，将各种必要的构成要素进行设计组合，以获得最为有效的传播效果。网络媒体设计也应该遵循和继承传统媒体的基本美学原则，同时还应该根据网络媒体自身的特点，对平面构成原理和形式法则进行综合运用，不断地创新和丰富网络媒体的视觉形式语言。

二、字体的选择与编排

在网络媒体的信息传达中，文字既是信息传达的重要媒介，也是具有直观诉求力的视觉传达要素。这首先是由于以文字传达信息符合常人的接受习惯，其次因为文字所占的存储空间较小，可以节省浏览者的时间。文字在网页版面中，具有比其他视觉符号更加易于辨识的信息传达的明确性。文字是网页中最为重要的设计元素，文字除了作为语言信息的载体外，文本设计还将反映出网站的格调并直接映射出网站的视觉冲击力。同时文字又是具有视觉识别特征的符号。

如图3—88，文字形态的变化对传达的效果会产生一定的影响，设计者应根据视觉美学的规律，并结合文字本身的含义以及传达的信息特征，对文字进行设计，以便达到最佳的信息传达效果。通过文字图形化的艺术处理手法，文字不仅可以表达语言本身所含的概念，还可以用视觉形象的方式来传递语言之外的信息。在网页设计中，字体的处理与页面色调、页面构成关系、图形等其他设计元素的处理一样非常关键。同时，我们应该把网站的整体风格设计与网页的“易用度”以及文字的“可读性”结合起来，对页面进行整体规划。

图3—88 www.justinqueso.org

1． 字体的选择与“易用度”

字体具有实现字意与语义的功能外，还具有一定的美学效应。网页设计者可以用不同性格和气质的字体来更充分地体现设计中要表达的情感。例如：黑体庄重醒目，而且极富现代感，适合于政治、金融、机械、建筑等类别的内容。宋体字型结构方中有圆，刚柔相济，既典雅庄重，又不失灵气韵味，适用于网站中大部分内容。从视觉的角度来考虑，由于宋体阅读起来最省力，不易造成视觉疲劳，所以具有很好的易读性和识别性。网页里字体种类少，版面雅致，有稳定感；字体种类多，版面活跃，丰富多彩。在同一页面中，字体种类的多少，关键在于如何根据页面内容来掌握这个比例关系。

在进行网页设计时，字体的选择有两个重要的衡量标准：一是网站的“易用度”，二是用户的“可接受度”。由于计算机和互联网的特点，对于大部分互联网用户来说，计算机能否正常显示某种字体，取决于计算机的字库里是否安装有这种字体。实际上，大部分网站用户使用的字库往往就是操作系统上自带的字库。作为网页设计者，必须考虑到大多数用户的实际情况——计算机里只装有很少的字体类型这一事实，在设计中尽量避免使用特殊字体。

从加强信息传播的角度来考虑，在进行字体选择时，最安全的办法是正文内容采用默认字体。一般来说，汉字的默认字体为“宋体”，英文的默认字体为‘Arial’或者‘Times New Roman’。默认字体的使用，不仅可以照顾到大多数的客户端系统避免出现缺少此类字体的尴尬局面，而且还能最大限度地达到工整与美观的显示效果。由于网页上可供选择的字体是极少的，如需在进行网页设计时使用一些特殊的字体，可以考虑使用优化的图像信息来代替，在Photoshop中使用或创作所需的各种特殊字体，以图像插入的形式加载到网页中。

需要注意的是，不同的操作系统或不同的网页浏览器，也可以使得文字的设置产生不同的效果。如同样的设计在Windows和Macintosh里面显示的就不完全一样。另外，互联网还有许多可变因素，我们还需要在不同操作系统和不同的网页浏览器里进行测试，只有那些兼顾了网站“易用度”和用户“可接受性”的文字才是我们网页设计真正需要的文字，当然也是网站用户愿意选择的文字。

2. 文字的编排与“可读性”

（1）文字格式

网页文字的尺寸是浏览器所显示文字的大小，页面文字的大小直接与阅读效果和页面内容的容量有关系。字号大小可以用不同的方式来计算，例如点数（Point）或像素（Pixel）。基于现在大多数电脑显示器分辨率不低于1024×768的情况，最适合于网页正文显示的字体大小为12像素左右。14像素和18像素等较大的字体可用于导航、标题或其他需要强调的地方。而小于12像素的字体会影响其识别性。这几种字号在网页中运用得较多，具有较强的可读性。在网页里，控制文字最有效的方法是CSS样式，可以通过对字体CSS样式的定义，使网站字体呈现出统一的视觉效果。

文字的字距与行距关系到文本内容的清晰度，对于文本信息的“可读性”来说非常重要。除了对于可读性的影响，字距本身也是具有很强表现力的设计语言。网页中字距的确定是由字体结构来决定的，字体结构不同，所占用的空间也是不一样的。只有根据字体来选择文字的字距，才能使访问者在阅读时感觉舒适。行距的变化也会对文本的可读性产生很大影响。一般情况下，适当的行距会形成一条明显的水平空白带，以引导浏览者的目光，行距过窄会使用户在阅读时容易跳行，而行距过宽会使一行行文字失去较好的延续性。因此在网页设计时，较为常用的行距比例为1：1.5，即字号12 像素，行距18 像素。

由于Flash的矢量特点，在全Flash网站中，在字体的选择和文字大小的设置上要相对灵活一些，但在特殊字体的选择上同样需要注意字体的图形化处理或者做打散（Ctrl+B）处理，来保证信息的准确传达。在行距的设置上，为了加强版式的视觉效果，在不影响阅读的情况下，可以有意识地加宽或缩窄行距，体现独特的审美意趣。例如，加宽行距可以体现轻松、舒展的情绪，应用于娱乐性、抒情性的内容。另外，通过精心安排，使宽、窄行距并存，可增强版面的空间层次与弹性，体现出节奏感与韵律感，既增加版面的趣味性，又可以调动访问者阅读的积极性，表现出独到的匠心。

（2）文字的编排设计

当我们用语言进行信息传达时，所用的语气、语调、面部表情以及姿态手势都是语言的辅助和补充，而在界面设计中，文字的字体、规格及其编排形式，就相当于文字的辅助信息传达手段。页面里的正文部分是由许多单个文字经过编排组成的群体，我们要充分发挥这个群体形状在版面整体布局中的作用。网页里的文字排列方式中有左对齐、右对齐、居中对齐、两端对齐四种对齐方式，排列方式的不同对于文本信息“可读性”的影响也不同。

左对齐或右对齐会使行首或行尾形成一条自然清晰的垂直线，很容易与图形配合。这种排版方式均衡整齐、虚实有度、跳动而飘逸，并产生节奏与韵律的形式美感。左对齐符合人们阅读时的习惯，显得自然，在正文中经常用到；右对齐显得新颖，在有些情况下应用起来可以提高访问者的阅读兴趣。由于右对齐方式不太符合人们的阅读习惯，所以在网页的正文中应该慎用。两端均齐，文字从左端到右端的长度均齐，字群形成方方正正的字块，显得整齐、严谨、美观。由于应用中破坏了字句的隔断规律，有时候会让人感觉不是很舒服。居中排列是以页面中心为轴线排列，这种编排方式字距相等，文字更加突出，产生对称的形式美感，适合用于标题的排放，但如果在正文中运用还需要仔细考虑。

以文字表现为中心的编排设计，是网页页面信息传达的重要手段。文字编排设计除了传达功能外，还具有美学效应和表现情感的能力。将文字图形化、意象化，以更富创意的形式表达出深层的设计思想，既是强调它的美学效应，把记号性的文字作为图形元素来表现，同时又强化了原有的功能。作为网页设计者，既可以按照常规的方式来设置字体，也可以对字体进行艺术化的设计。无论怎样，一切都应围绕如何更出色地实现自己的目标来进行设计。

三、插图设计

随着人们对网络媒体审美需求的不断提高，插图设计也成为当今网页设计中不可或缺的重要构成元素。插图设计是一种视觉语言形式，它通过设计思想的视觉化，传达特定的信息。网页设计中如何把握与运用页面中的插图形式，也成为网页页面设计的新课题。对设计者来说，插图设计是最为有效地表现设计构思的方法和途径。众所周知，图形的视觉冲击力远胜于文字，并能无国界地将信息传达得更立体、直接，更易于理解和记忆，从而高效地表达设计意念，使页面设计充满丰富的感情色彩。

1. 二维平面图形设计

二维平面图形是造型视觉要素在平面上表现出的视觉效果的统称。平面图形的范畴非常广，效果也十分多样，如字体、图形符号、照片、绘画作品等。

（1）字体设计

从起初利用图画文字和象形文字进行交流，到今天对字体形态美观的研究，字体的作用早已不仅仅局限于可读性和识别性。以文字为素材的图形表现方式，已经发展成为设计的一个范畴。字体在传达意思的同时，被赋予了形态上的审美性，并拥有了丰富的视觉内涵。如图 3–89，插画艺术网站将字体与页面风格相协调，以插画的形式对页面中的字体进行设计，使其字体图形化。如图 3–90，米度设计事务所网站，将文字笔画、符号立体化，以图片的形式运用于网站页面中，强调文字的形式感以求突出网站的设计主题。如图 3–91，NIKE 大学生挑战赛站点，通过对字体的设计和效果的处理，表现出独特的视觉美感。

图 3–89 www.charmingwall.com

图 3–90 www.meedo.cn

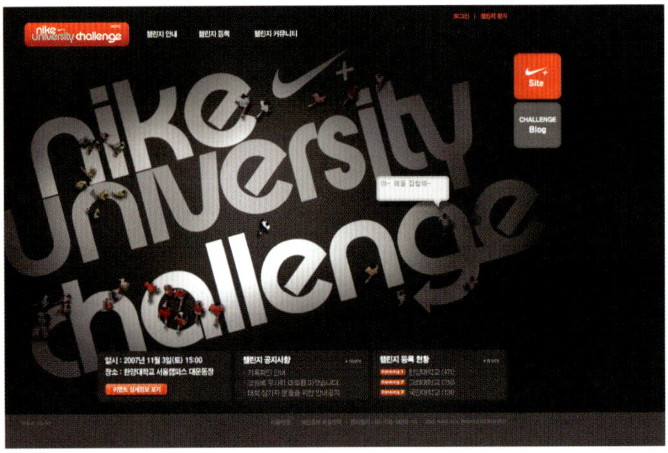

图 3—91 nike.co.kr/nikeplus/nuc/main.jsp

图 3—92 www.adidas.com/kr/application/playbeijin/

（2）图形符号设计

图形符号以图形为主要特征，用以传递某种信息。它是一种不受任何国家、地区、文化、语言、年龄等限制的视觉语言。用它可以最直观、简明、准确地进行沟通与交流。图形符号在网页设计中主要用于图标形式的导航链接。图形符号的设计应考虑到形态表现的传达技巧，客观地表达主题，使图形符号成为容易识别、理解的视觉语言。

如图 3—92，ADIDAS 北京奥运会运动项目专用运动鞋页面，利用七巧板的组合形式，标识出奥运会各种体育比赛项目，通过单一化的表现技巧，突出不同体育项目的特色与动感。

（3）插画设计

指绘画的或造型的表现，作为网页设计中完善视觉传达功能的一种方法，通过漫画、线描、淡彩、像素、写实、写意等形式表现都属于插画设计的范畴。如图 3—93、图 3—94、图 3—95，多样化的插画表现方法在网页设计中得到了广泛的运用。插画设计所带来的新颖的视觉效果，能够让设计者在相同

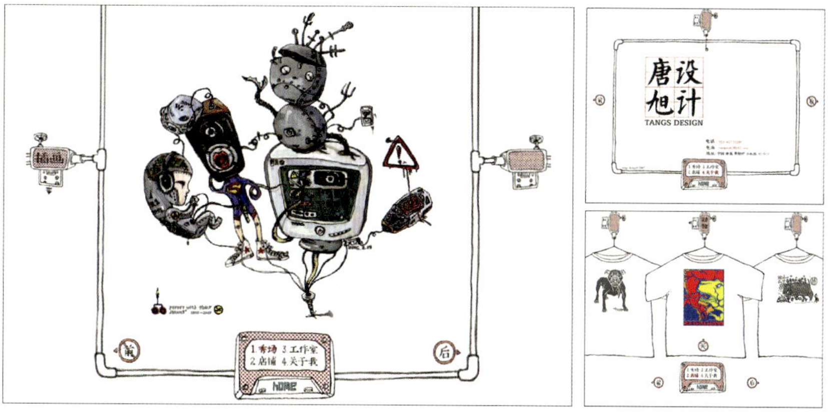

图 3－93　学生作业　唐旭

图 3－94　www.keyclinic.com/index.jsp

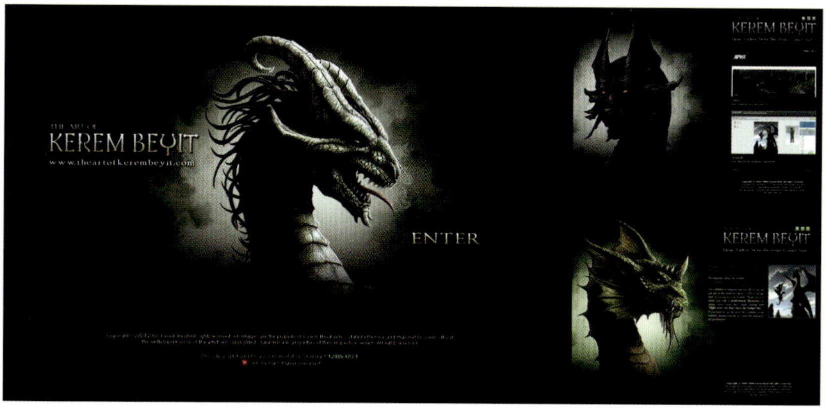

图 3－95　www.theartofkerembeyit.com/theart.htm#/

风格的页面版式构成中寻求到变化与统一的平衡点。同时能够让富有创意的构思，通过笔触的变化有趣地、生动地传达出网站主题。

（4）照片设计

以摄影的方式得到能最为真实地反映被摄物体的图像，拍摄过程连同设计构图、照片的选择与后期加工处理的过程都属于照片设计的范畴。在网页设计中，照片设计已成为设计师传达个性视觉的重要表现手段。我们可以通过色调的调整、图像的退底、改变图像原有轮廓、图像的模糊、图像的合成与组合等方式对照片进行设计。在食品类、时尚类、建筑类、通讯类等网站中，能够通过照片精确地传达项目性质和产品特征。如图 3–96，通过图像的退底与合成，准确的传达出网站的主题。如图 3–97，通过图像的处理构成页面，并对图像进行分割重组。如图 3–98，打破照片的原有形态，将多张照片中的建筑形态根据图像特征进行解构再设计，构成全新的视觉空间形态。

2. 半立体图形设计

利用效果强调页面视觉元素的厚度感的一种设计表现手法。通过半立体图形对固定区域的视觉强调，成为有效体现视觉差异化的风格表现。

3. 三维立体图形设计

指运用 3D 图形程序将造型要素表现为立体图形的风格，也就是一种虚拟现实的体现。

4. 实验性图形设计

指对图形要素复杂地进行融合所产生的视觉效果，没有明确的风格。大多是较为抽象地抒发一种情感，或是进行一些新的尝试。

图 3–96 www.pizzaetang.co.kr/contents/main/

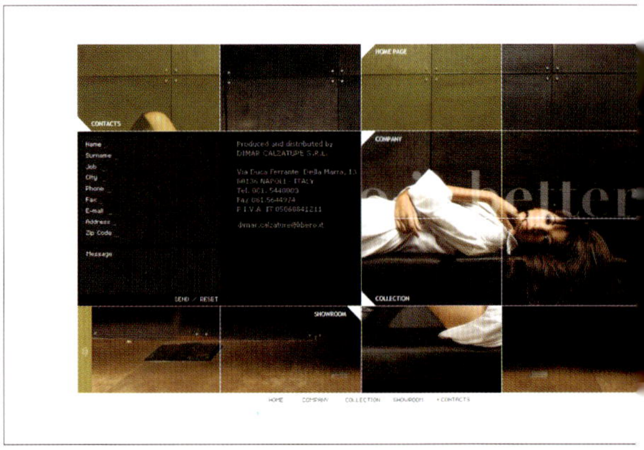

图 3–97 www.effettidifrancotroise.it/home_eng.html

图 3–98 www.zumm–creative.com/zummflash.html

图 3–99 www.2yuppie.com/2005/

图 3—100 www.funkyanimals.co.kr

图 3—102 www.leyoweb.fr

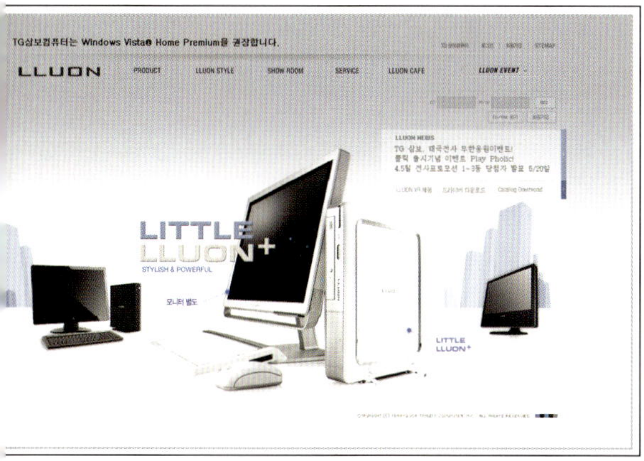

图 3—101 www.lluon.com/main.asp

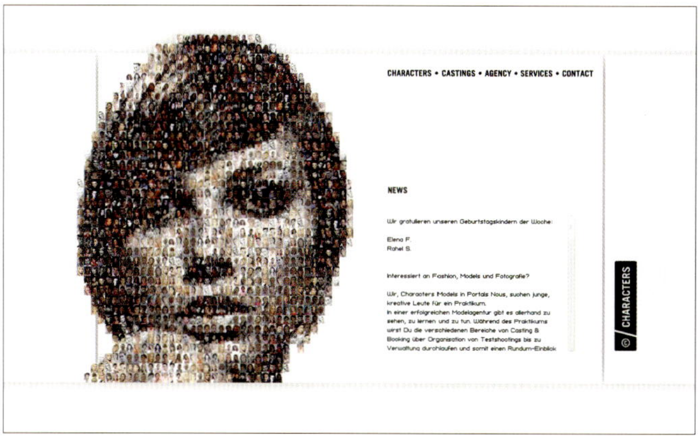

图 3—103 www.characters—models.com

四、动画设计

1. GIF 动画

GIF(Graphics Interchange Format)的原意是"图像互换格式"，是CompuServe公司在 1987 年开发的图像文件格式。GIF 文件的数据，是一种基于LZW 算法的连续色调的无损压缩格式。GIF 图像文件的数据是采用了可变长度等压缩算法，所以 GIF 的图像深度从 lbit 到 8bit，也即 GIF 最多支持 256 种色彩的图像。GIF 分为静态 GIF 和动画 GIF 两种，支持透明背景图像，适用于多种操作系统，"体型"很小，网上很多小动画都是 GIF 格式。GIF 动画延续至今已经出现了很多年，现在浏览器不需要安装任何插件就能显示出 GIF 动画。这种普遍性保证了 GIF 动画在网络媒体的广泛使用。

GIF 动画是由帧为单位来组成的一种动画形式，通过每帧显示出一种不同的属性或特征，每帧在屏幕上反复循环播放。有的 GIF 动画实际上是利用几幅静止的图片串联起来，利用一种移动的幻觉，显示出像真动了起来的效果，在这有限的空间里容纳更多的信息。GIF 动画常设置为持续循环播放或只播放一次两种模式，如果选用只播放一次时，最好将最重要的一幅图片放置在循环过程的开始和结尾处，这样就可以使动画停止后，该幅图片会一直显示在页面中，有利于信息传达的完整性。GIF 动画制作简单，制作软件有 Adobe ImageReady、Ulead GIF Animator、Cool 3D、PhotoImpact 等等。但由于 GIF 动画的色彩局限，致使图像信息的表现力不够，在网络中的应用也在逐步被 Flash 动画所取代。

2. Flash 动画

动画由于在信息的方向性引导方面的优势，不仅能够加强视线对视觉传达领域的注意，还能在引导视线方面发挥更大的能动性，引导视线完全按照设计师的意图去浏览，以最快捷的途径、最有效的感知方式获取视觉信息，并有效地影响浏览者的视觉运动轨迹。随着 Flash 技术的发展，网络速度的不断提升，对原有网页文件大小的限制也逐渐放宽，Flash 动画在网站上迅速流行起来。Flash 格式的网络动画具有传输速度快，视觉效果好的特点，并且还可以与 HTML 网页格式结合使用，使之成为应用最为普及的网络动画形式之一。

在网页设计中，Flash 动画的优越性是 GIF 动画无法比拟的。首先，Flash 动画不仅可以插入大量图片、视频和音频等元件，还可以通过动画脚本控制制作出交互式网络动画，这些都是 GIF 动画无法实现的。其次，Flash 动画格式具有下载速度快和图像质量好的特点。扩展名为 swf 的 Flash 动画格式采用边下载边观看的方式，特别适合网络传输。同时 swf 动画是属于矢量技术制作方式，图像质量不会因为画面的放大或缩小而受到任何影响。因此 Flash 动画在网页设计中受到广泛的青睐。

（1）网站局部运用

在网页设计中局部运用 Flash 动画的形式是最为常见的一种，比如导入动画、网站 LOGO 的演绎、网络广告、Flash 形式的导航等。在视觉形式上为网站增加了动感和活力，在功能实现上增强了网站的交互性，在传达上动画追求信息的准确性，使其设计意念清晰易懂。

（2）全 Flash 网站

全 Flash 网站一般以图形和动画为主， 并能很好地与声效、动画、流媒体等多媒体元素一起构成页面关系，通过形式法则的运用使网站页面更炫、更酷、更人性化，有较强的视觉冲击效果。并具有交互性强的特点，给用户带来全新的互动乐趣。但由于全 Flash 网站的后台功能不强，不适合于门户网站或电子商务网站等大中型网站的应用。通常它较适合于服装、房地产、时尚类或消费类品牌等形象展示。也适合应用在对视觉及互动有较高要求的企业网站和个人网站等主题性较强、信息内容相对较少的宣传展示类网站。

3．JavaScript 特效

JavaScript 是一种简洁的、面向对象的、跨平台的描述语言，专门用来开发 Internet 客户端和服务端的应用程序。使用 JavaScript 特效编程，可以快速创建类似鼠标跟随特效、动态文字特效、图片类特效、导航按钮类特效，以及页面类特效等等，实现网页动态特效，因而它可以说是网络时代最重要的语言之一。

图 3—104 www.jupiland.com/pl/

五、交互设计

交互设计（Interaction Design）是用户和软件硬件环境之间的动态交互，并寻求动态的最优。交互设计不像传统的设计类型主要关注形式或内涵，它首先旨在规划和描述事物的行为方式，然后描述传达这种行为的最有效方式。网络中的交互设计是预测界面的使用会如何影响与用户之间的关系，以及用户对界面的理解，最终形成人们希望的界面使用方式，即交互的行为设计。

交互设计关注的焦点是用户的需求，同时还要关注用户的心理和行为特点。从用户角度来说，互动设计是一种如何让产品易用、有效而让人愉悦的技术。它致力于了解目标用户和他们的期望，了解用户在同产品交互时彼此的行为，了解"人"本身的心理和行为特点，同时，还包括了解各种有效的互动方式，并对它们进行增强和扩充。同时，交互设计还要考虑让用户有一些与众不同的或者意料之外的惊喜和收获。在网络中，交互形式是丰富多样的，设计者应用各种软件技术和传播技巧为网页界面提供了灵活多样的界面控制元素。这些控制元素可以很好地与数据模型相结合，创造出令人耳目一新的交互形式，带给人们全新的互动体验。

1. 鼠标感应动画

（1）按钮动画

当鼠标指针放在按钮上面，按钮就发生大小、色彩、形状、图像、动画等各种变化，或是弹出一个隐藏式菜单按钮，清楚地显示出下一级的栏目内容，以达到吸引或引导浏览者点击的目的。这种鼠标感应动画形式是在网络中运用得最为广泛的一种。在图 3–105 所示页面中，当鼠标指针放在导航按钮上时，导航按钮的范围内会出现一些叶子并逐渐变大充满整个按钮，按钮的色彩也由深棕色变为橄榄绿，充分与网站的主题相结合，并与其页面的整体风格和构成形式相协调。

（2）鼠标指针动画

当鼠标指针放在某个区域范围内时，鼠标指针变化为动画形式。在图 3–106 所示页面中，鼠标指针经过冰块形式的图像导航区域内，鼠标指针变化为冰锥敲打的动画形式，吸引浏览者进行点击。

（3）鼠标指针位置辨别

网站交互界面或界面构成元素跟随鼠标指针的位移而发生各种变化，以一种全新的引导方式吸引浏览者的注意。在图 3–107 所示 rice5（五斗米）设计网站页面中，通过程序辨别鼠标指针的上下左右的位移方向，界面中的人物形象也会跟随鼠标移动的方向发生变化，同时，场景也由于人物的位移发生

图 3—105　www.arne—maynard.com

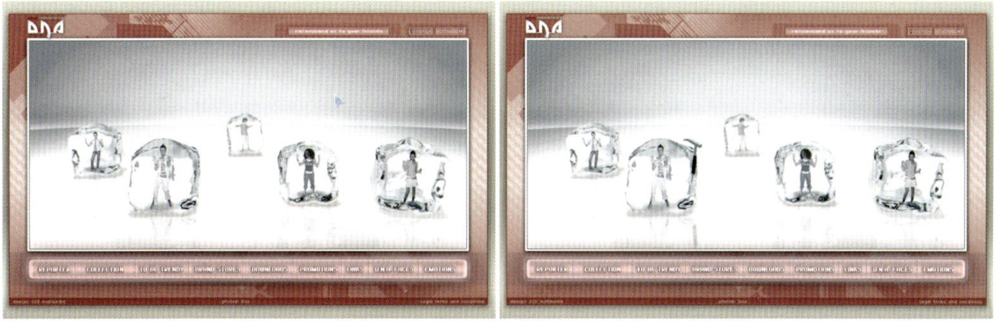

图 3—106　www.dnaindustries.com

图 3—107　www.rice5.com

转换，人物进入与之对应的栏目场景中去，浏览网站栏目信息。

2. 交互动画

交互动画在网络中的应用相当广泛，是指图像或文字对鼠标的点击或拖拽作出一系列的反应和变化。当鼠标指针点击或拖拽界面的某个导航按钮时，界面构成关系产生一系列变化或通过动画转场跳转到另一个界面。创造出动静结合的界面形式，来增强网络媒体的视觉说服和取悦受众的审美需求，从而达到有效的传播效果，并以这种交互动画形式作为对鼠标行为的响应和反馈。在图 3–108 所示 7Designers.com 设计团队的Flash 网站页面中，通过二维卡通动画形式来完成整个网站的互动行为设计，当鼠标指针点击作品展示栏目按钮后，网页界面会经由一段二维卡通动画转入另一场景。在作品展示的界面，当鼠标指针放在试管形式的某一导航按钮上，试管夹被打开，按下鼠标不放可以将试管拖拽到化验仪器上的试管架，松开鼠标，试管数据被模拟读取，卡通形式的显示器上出现了设计作品的相关信息。

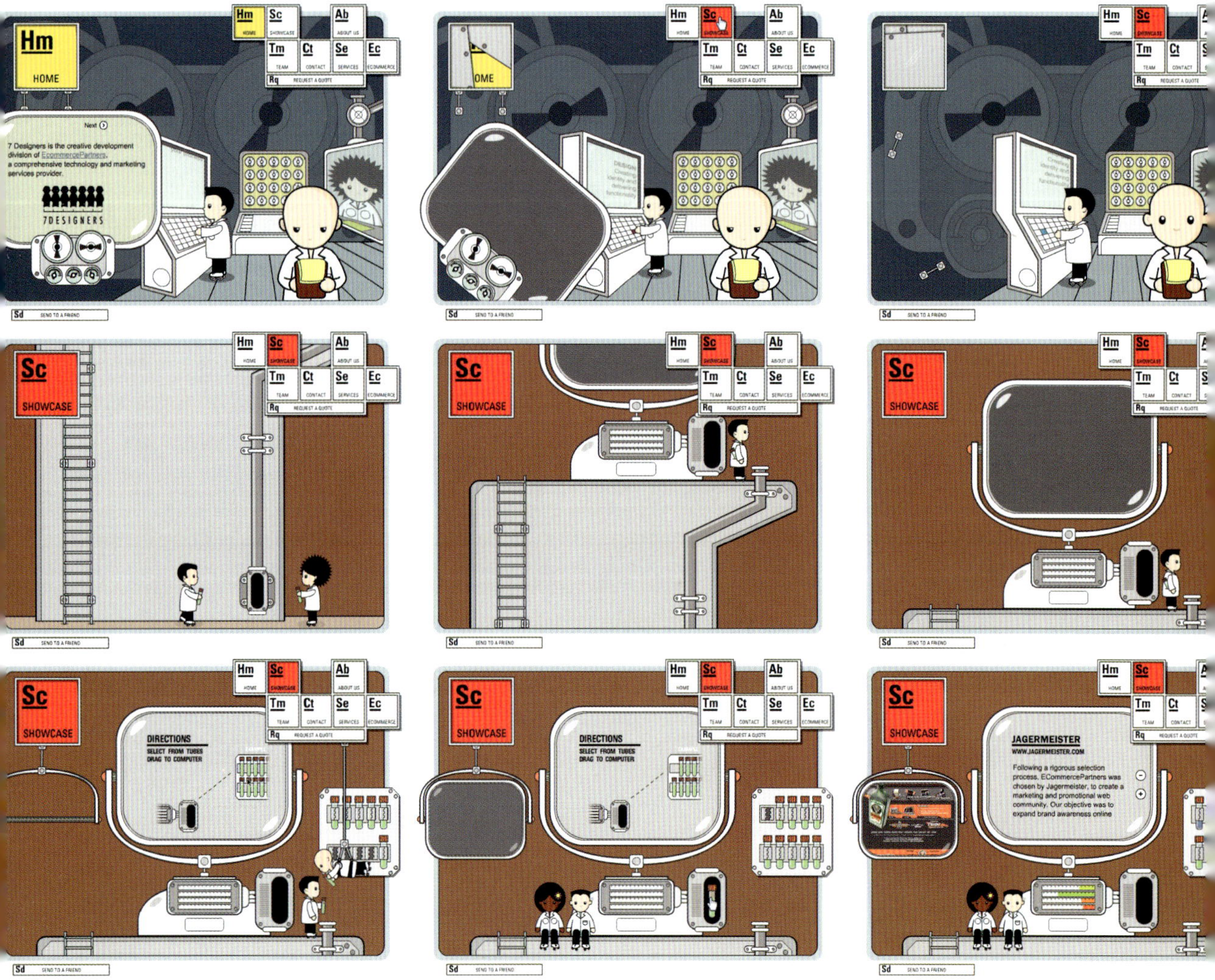

图 3–108 www.7Designers.com

3. 虚拟现实

虚拟现实在交互动画中正引起人们的广泛关注。虚拟现实以3D模型和场景为基础，通过实时渲染允许浏览者在浏览过程中改变自己在场景中的视角和观察点的位置。这种动画属于三维动画的一种类型。虚拟现实在网络中的运用将越来越多。在图 3–109 所示 huidi–lauhoff 服饰网站页面中，利用虚拟三维技术实现产品的 360 度虚拟展示。可通过鼠标指针的拖拽及位移随心控制产品展示角度，让浏览者更为直观、全面地了解产品。

在图 3–110 所示索尼休闲娱乐产品的网站页面中，首先需要对展示的所有产品进行归纳分类，与现实生活情景相匹配地放置在不同的虚拟三维空间中。再通过三维动画技术与Flash编程技术相结合，实现空间场景的转换和产品展示视角的变化。充分利用虚拟现实技术实现多角度的展示丰富的产品信息，获得更好的传播效果。

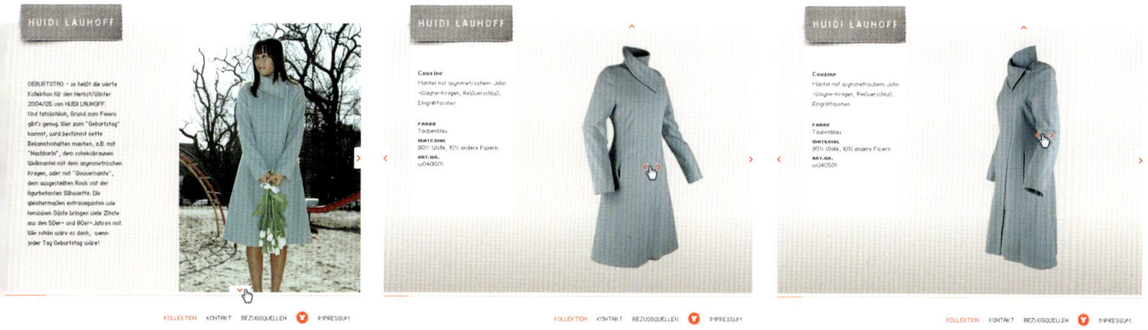

图 3–109 www.huidi–lauhoff.de

图 3–110 www.sonystyle.com.mx/lounge/

第四节 网站设计的人文关怀

增加网站人文关怀，提高用户体验是对网站设计提出的更高层次的要求。"人文"是一个内涵极其丰富的概念。我们应该从用户的视觉、情感、行为等方面来体现网站的人文关怀。

一、减轻视觉疲劳

1. 减少闪烁

合理运用动画和 JavaScript 特效，协调网站各种构成元素之间的动静关系，避免各种特效的滥用，因为过多的闪烁会让用户产生视觉疲劳，也容易损害用户的视力。

2. 提醒用户注意用眼休息

网站可以通过后台监控用户的上网时间，当用户上网超过一小时或较长时间时，可以弹出一个对话提示框，提醒用户保护视力，减轻视觉疲劳。

二、关注特殊群体

1. 老人

我国在 2000 年底就已经进入了老龄化社会，中国老年人口数量超过 1.3 亿，占了总人口的 10% 还多，如何让老人安享晚年已经成为当今社会面临的重大问题。随着互联网的发展，上网也已经成为当下许多离退休老人的一种时尚生活方式。他们喜欢在互联网上度过闲余时间。许多针对老年人的网站也因此应运而生，可以让老年人看看新闻、聊聊天、了解掌握一些生活常识、保健方法、文化娱乐等。老年网站应根据老人喜好、习惯、需求等因素，对网站的内容、形式进行定位和设计。

在图3—111所示中国老年网页面中，页面版式设计与许多老年网站一样较少考虑老人的视力特点。一是字体太小，还是采用常用字号12像素，字的行距也较窄，这种文本编排方式对老人的浏览来说会非常吃力。二是页面信息没有一个很好的视觉导向，版面结构设计也较为呆板，不太符合老年人的审美取向，很容易造成视觉疲劳。其实，我们除了在设计时应注意改善这些细节外，还可以考虑在老年网站中做有声读物的网站，新闻信息、保健知识等信息通过在线收听的方式进行传播，减少用眼时间。

图3—111　www.cnelder.com

在图3—112所示新华网页面中，主题信息区域里，新闻标题下面有一个人性化的蓝条设计，在这里用户可以根据自己的视力条件，对文字字号的大、中、小进行调节，例如老人的视力较差，就可以选择较大字号的文字显示，来方便浏览。这是一种通过程序编写来实现人文关怀的方式。其实许多门户网站也提供了这一功能，但由于字号的选择按钮设置在新闻信息下方，很多用户要浏览完信息后才会看到此功能按钮，所以难以给用户带来实质性的方便。

图3—112　news.xinhuanet.com/fortune/2008—09/27/content_10121341.htm#

图 3–113 www.waltonkids.co.kr/index.jsp

图 3–114 www.hellofox.com/game.asp

2. 儿童

(1) 儿童网站

儿童网站一般可以分为两类：一类是儿童产品或咨询类网站，用户大多是孩子的家长；另一类是针对儿童 “寓教于乐” 的娱乐学习型网站，用户大多是儿童。这类网站设计就要求考虑儿童的特殊需求，通过有童趣的、新颖独特的设计迎合少年儿童心理特点，并力图通过新颖的页面设计和有趣的交互设计更好地激发他们娱乐、学习的兴趣。

在图 3–113 所示页面中，儿童服装网站通过鲜亮的色彩、有趣的插图、生动的产品形象展示出服装品牌特色。

在图 3–114 所示页面中，快乐英语学习网站在传播形式上注重了 “寓教于乐”，让儿童在玩耍中激发学习兴趣，但在页面版式构成关系和页面色调的协调上还有待改善。

(2) 非儿童网站

由于互联网开放程度高，任何人都可以进入互联网传播和接受信息，因而在传播的社会控制方面相对较弱。儿童处于对事物充满好奇而又缺乏判断识别能力的成长阶段。我们可以通过要求用户输入出生年月，来辨别浏览者

图 3–115 www.heineken.com.tw

的年龄等方式，选择性地开放或关闭网站信息或部分信息，从而给儿童提供一个安全的、健康的网络空间。在图 3–115 所示海尼根啤酒网站页面中，出于网站主题的特殊性，首先在页面下方呈现出“未成年请勿饮酒”的温馨提示。其次网站对浏览者进行了年龄的限制，不开放给未满法定饮酒年龄者，充分体现了对未成年人的关爱。

3. 残疾人士

网络同样可以给残疾人士提供丰富的业余文化生活，帮助他们改善生活娱乐环境，提供一个有效的交流途径。因此，需要为残疾人士开设专门的网站。我们大致可以把可能上网的残疾人士分为三类：肢残、聋哑和盲人。

三类残疾人中，盲人是上网困难最大，也是网站设计最能给予关怀的群体。在盲人专属网站上应提供：

（1）清晰的语音操作引导功能

实现每一步操作都有清晰的语音提示，让盲人知道现在处于什么位置，下一步应如何操作。

（2）清晰的语音助读功能

让盲人通过接受语音能准确地获取计算机屏幕上的信息，同时还能准确地对鼠标位置进行判别。移动鼠标时，系统会用语音报读出鼠标当前所在位置及相关的内容、属性。指针遇到不同的对象，计算机说不同的话。

在网页页面设计上，勿须像其他页面做那么多形式，而更应该讲究其适用性，将页面上的超级链接全部排列到页面的左侧，将信息组织方式二维变为一维，极大地方便盲人朋友上网。作为一个真正为盲人服务的网站，网站的信息传播方式应充分考虑其特殊性。

三、满足个性化的需求

满足用户的个性化需求，也就是让用户浏览网站时，能够保证操作的有效性和自由度。主要体现在网站背景音乐的控制和选择、页面色彩的定制、网站信息的定制等方面。

1. 背景音乐的控制和选择

网站背景音乐的控制和选择是指通过程序的编写，实现用户对背景音乐的音量控制，以及提供几种背景音乐供用户进行选择， 满足用户不同的喜好。

在图 3–116 所示页面中，该网站提供了 5 种背景音乐供用户选择。

2. 页面色彩的定制

页面色彩的定制是指通过用户在网站上的操作，能自由地选择页面的色调或设置页面的背景图像，满足不同用户的审美习惯。

在图3–117所示页面中，用户可以根据自己的喜好选择和改变网站页面背景图像。

3. 网站信息的定制

网站信息的定制是指根据用户需求定制该网站上所需信息和栏目。例如像新浪网这样的门户网站信息内容繁多，但并不是所有的栏目信息都是用户所想关注的，那么可以通过用户的注册、登录进入"我的新浪"的主题页面，在这个页面里的所有信息都是用户自己根据个人喜好以栏目定制的方式所得到的。通过这种信息的定制方式，避免了用户每次浏览该网站都要通过复杂的导航系统一次次点击或操作才能看到自己想浏览的栏目信息，实现了信息的有效传达，也让用户的操作更为简便。

图 3–116　www.transporter.at/newone.php?flash=yes

图 3—117 www.crashshop.com/flash.php

教 学 导 引

1. 教学目标

本章通过实例分析，从页面结构设计、页面色彩设计、页面信息设计、网站设计的人文关怀等四个主要方面讲述网页设计理论知识，对各种符合受众心理活动和审美原则的网页设计的视觉形式语言进行归纳和总结。通过本单元的教学，为网站页面设计作好理论指导和设计辅导，培养学生根据网站信息传播特点来对网站页面进行设计。

2. 教学重点

页面结构设计、页面色彩设计、页面信息设计、网站设计的人文关怀是任何网页设计都必须关注的重点，因而也是本单元的教学重点。

3. 单元小结

网页设计顺应了这个时代多元、多姿的特性，通过形式手段表达出强烈的视觉冲击所带来的心理感受和信息传达。从设计的角度来说，网页页面的视觉形式在借鉴平面构成原理和形式法则的同时，也寻找到了一种属于自己的表现形式。

4. 作业安排

实作题：根据网站策划主题，设计出网站页面版式和交互形式。

5. 参考文献

(1) 麦克唐纳编著，戴刚译,《什么是网页设计？》，中国青年出版社，2006年

(2)[美]克鲁格著，《访客至上的网页设计秘笈（Don’t Make Me Think)》，机械工业出版社，2006年

(3)唐纳德·A.诺曼著，梅琼译，《设计心理学》，中信出版社,2003年

(4)张少卓编著，《网页配色》，科学出版社，2008年

(5)[韩]姜恩正、黄静慧著，周钦华译，《设计师谈成功网页设计原则》，电子工业出版社，2006年

(6)[韩]崔美善著，马晓阳、刘娟译，《设计师谈网页视觉特效》，电子工业出版社,2006 年

(7) 倪洋编著，《网页设计》，上海人民美术出版社，2006 年

(8) 张帆、罗琦、宫晓东编著，《网页界面设计艺术教程》，人民邮电出版社，2002 年

(9) 曹金明、程超、王骏编著，《网页设计与配色》，北京希望电子出版社，2005 年

(10)[韩]I.R.I 色彩研究所著，李强华译，《Web Color Design——设计师谈网页配色》，电子工业出版社，2005 年

(11) 邹慧琴、敖蕾、谭开界著，《互动网页设计与易用度》，中国轻工业出版社，2007 年

(12) 孙丹丽，浅析网络中的互动设计，《艺术与设计(理论)》，2008 年 04 期

第四章 网站测试与推广

网站建设是一个比较复杂的系统工程，从技术上有硬件、软件、数据库的配合，从设计上有页面元素之间、页面与页面之间、栏目与栏目之间的配合，在制作上有各种制作方法、制作人员之间的配合，就像其他的产品一样，网站是经过众多的工序，由众多的人员共同完成的，最后经过总装而成，问题和错误在所难免。所以，在网站最后制作完成之后，必须要经过严格的测试才能正式发布，否则一些显而易见的问题都会直接呈现在用户面前，造成难以挽回的损失。网站在发布之后，就像在沙堆里增加了一粒沙子一样，并没有人会知道它的存在，还必须要向你的用户宣传和推广，让他们知道网站的存在，并开始使用它。如果你的网站确实很优秀，那么在你的用户心里，它就会变成沙堆里的黄金，那才是真正走向了成功。

第一节 网站测试

网站测试最好在一个真实的环境下进行，也就是把你的网站真正放到互联网上进行测试。网站测试包括功能测试、性能测试、可用性测试、安全测试四个方面的内容。

一、测试的目的和意义

网站测试有两个目的，一是检查和验证；二是发现问题和错误。我们可以通过测试来检查我们的文字、图像、动画、视频、表单等元素的位置、大小、色彩等是否正确，版面结构是否发生了改变；也可以通过测试来验证网站的导航、网站的功能是否能够正常运转，是否达到了设计的要求；还可以通过网站测试来发现使用中的问题和错误，是否因为按钮太小造成用户找不到链接，是否存在链接的错误而导致网站访问失败，是否存在程序代码错误造成了功能使用的障碍等。严格的测试对于网站的建设者、设计者、用户都是有益的，对建设者是质量保证的重要措施和手段，对设计者是网站合格的最好证明，对用户来说则减少了网站使用的麻烦和痛苦，提高了使用的有效性和愉悦度。

二、功能性测试

功能测试主要测试网站的功能是否能够实现，具体内容包括页面是否正常、链接是否准确、表单是否能够正常填写和提交，数据库能否正常读写、后台管理程序能否完成相应任务等。

1. 页面测试

页面测试主要测试页面的视觉效果是否达到设计要求，测试的内容一是页面文字、图像、动画、色彩、视频、表单等元素的显示是否符合设计要求，是否存在内容缺失；二是版面结构是否正常，元素之间的相对位置关系是否发生了变化；三是页面与屏幕的关系是否正常，是否能够实现设计需求的对齐方式，空白空间和页面长度是否正常等。

由于用户浏览你的网站可能有多种不同的情况，可能使用不同的计算机操作系统、使用不同的浏览器、不同的屏幕大小、设置不同的显示分辨率等，所以上述这些页面测试的内容应该在各种主流用户环境下分别测试，这样才能发现更多可能存在的问题。

2. 链接测试

网站信息的获取是通过链接来完成的，网站链接测试的目的是检验网站是否实现了网站的导航设计目标，测试时注意四个方面的问题：一是各页面的链接按钮是否完备，有无缺失；二是所有链接是否都能够到达正确的目标页面；三是是否存在没有被链接的"死"页面；四是链接和导航的提示信息是否正确。

3. 表单及功能测试

表单是网站实现功能的输入界面，如登录、搜索、发表留言、上载信息、发送邮件等均需要填写表单，对表单的测试有三个方面：一是表单是否能够正常输入信息内容，信息长度和显示形式是否符合设计要求，对密码类型的显示是否进行了隐藏等；二是表单能否判别设计规定的错误和显示相应提示，是否能够完成设计要求的记忆；三是表单复位、提交按钮是否存在，其功能是否生效。

功能测试主要测试在点击表单的提交按钮之后是否能够完成设计要求的任务，检验开发人员的程序代码是否正确，要逐项子功能认真测试和检验，例如：对留言发表这样一个留言板的子功能，我们可能要检查留言是否发表成功、是否能够对发表的信息进行筛选和检查、反馈信息是否正常等。

4. 数据库测试

这部分测试主要检查数据库的写入与读出，在数据库的写入测试中，要检验输入的信息与写入数据库的信息在类型、数值、长度、内容上是否一致；在输出测试时，要检验数据库保存的信息与实际输出（显示、保存、打印）的信息是否一致。

5. 后台管理测试

一个网站，除了有面向用户的前台页面和功能外，还有为了网站的管理而设计制作的页面和功能，如：权限的管理、密码的管理、信息的管理等，在测试时要根据设计的要求进行逐一的测试和检验其功能是否能够实现，页面是否符合设计要求。

三、性能测试

在进行完功能测试后，还必须进行性能测试，功能测试只能说明功能能够完成，但不能说明是否能够达到设计要求的性能指标。性能测试包括连接速度测试、压力测试、负载测试三个主要内容。

1. 连接速度测试

连接速度是指输入网站域名或点击链接按钮之后，到相应页面完全呈现需要的时间长短。连接速度与用户的上网方式（电话拨号、小区宽带、ADSL宽带）、网站的接入带宽、网站的服务器性能、页面数据量和程序代码等有关，由于网站的接入带宽和服务器等设备已经确定，测试时只分别针对用户不同上网方式进行测试，逐一测试每个页面和功能的连接速度，并分别做好记录，以便分析问题，查找原因。

就目前的网络状况而言，除了个别特殊的页面外，页面的连接速度要控制在5秒之内，太长的等待时间使用户难以忍耐，他们就会放弃对网站的访问。

2. 负载测试

负载测试是在众多用户（设计许可之内）同时访问网站的情况下，也就是网站服务器具有大量的并发请求，检验网站的运行情况。负载测试依靠聘请大量人员来实际访问网站是不现实的，实际测试中，有条件的可以自己编写程序来模拟大量用户并发访问进行测试，也可以使用现有的测试软件来进行测试。但值得注意的是，不同的测试软件由于内部算法的不同，可能测试结果有较大差异，而且也与实际大量用户并发访问的情况有一些误差。

3. 压力测试

压力测试与负载测试不同，负载测试给网站增加的负载是在设计范围之内的，其目的是检验网站是否能够达到设计要求，而压力测试给网站增加的负载是超越设计指标的，其目的是了解超越设计负载后网站的反应情况、什么负载下网站会崩溃，以及检验崩溃后系统的恢复速度、能力、造成的损失等。

四、可用性测试

一个网站，无论自己认为有多么好的创意、设计制作如何精良、采用了何等的先进技术，都不能称为一个成功的网站，只有用户通过它能够高效地实现自己的目标，并感到身心愉悦，才是一个好的网站。要了解网站的用户使用状况，就必须进行可用性测试。

1. 什么是可用性

可用性是交互式IT产品/系统的重要质量指标，指的是产品对用户来说有效、易学、高效、好记、少错和令人满意的程度，即用户能否用产品完成他的任务，效率如何，主观感受怎样，实际上是从用户角度所看到的产品质量，是产品竞争力的核心。

ISO 9241—11国际标准对可用性作了如下定义：产品在特定使用环境下为特定用户用于特定用途时所具有的有效性、效率和用户主观满意度。其中：有效性是指用户完成特定任务和达到特定目标时所具有的正确和完整程度；效率是指用户完成任务的正确和完整程度与所使用资源（如时间）之间的比率；满意度是指用户在使用产品过程中所感受到的主观满意和接受程度。

网站实际上是一个典型的交互式IT产品，只是它在生产、用途、使用等方面有自己的特殊性。在生产方面，网站具有个性化，没有任何两个网站是完全相同的，不能批量生产；在用途方面，网站是以一种媒介的形式呈现，其主要用途是获取信息；在使用方面，网站和软件较为接近，但软件是供个人使用，而网站是供全体网民共同使用。

网站的可用性测试分为主观和客观两个部分，主观方面的测试主要是理解性测试，客观方面的测试主要是任务测试。

2. 理解性测试

理解性测试最好在设计的各个阶段和网站完成后都进行，这样有利于及时发现问题，进行设计的修改，避免大量设计和制作的返工。测试的内容包括主题理解测试、栏目理解测试、导航理解测试。

（1）主题理解测试

主题理解测试主要检验用户对页面主题的理解，重点集中在网站的首页和栏目首页。测试方法是在目标用户人群中邀请3～5名人员作为受试者，将你要测试的页面直接呈现在他们眼前，看他们是否能够快速理解网站或栏目的主题。无论受试者理解的主题是否与网站表现的主题有差异，都要对他们进行细致的访谈，了解他们通过哪些要素来判断主题的，以及为什么会作出那样的判断。这样既可以验证正确的设计，也能够分析出问题的原因。

（2）栏目理解测试

栏目理解测试主要检验用户对网站信息分类的理解是否与设计时的考虑一致，如果用户不能理解栏目，将不能获取到需要的信息。测试时，首先向受试者给出信息内容，让用户选择网站的栏目，记录下选择的正确与否、时间长短，然后询问他们选择的理由、中间经过了哪些分析和判断过程、是否出现过犹豫等，这样有利于分析到是我们的分类方法不能理解，还是栏目的名称造成了理解障碍。

（3）导航理解测试

导航理解测试主要测试受试者对导航图标、导航提示信息、导航按钮位置的理解情况。在导航图标理解的测试中，重点有两个方面的测试，一是受试者能否区分导航图标和页面的其他图形图像元素，二是对导航图标含义的理解是否与所链接的信息内容一致，对那些只用图形而没有文字标示的导航图标尤其要加以重视。导航提示信息包括导航图标上的文字信息和表示当前所在位置的文字信息两个部分，要分别测试受试者对这两种信息的理解时间和准确性，有些导航图标文字需要鼠标滑入才能出现，对于这种情况要尤其重视。导航按钮的位置测试主要测试受试者能否快速找到需要的导航图标，测试时给定一个目标，观察受试者寻找的过程，并记录下受试者的寻找时间。

3. 任务性测试

任务性测试和理解性测试一样，需要聘请3～5个目标受众作为受试者，不能以设计团队中的人员代替。任务测试是给定受试者一个任务，让受试者通过你的网站来完成，任务的选择可以和受试者协商，最好是他当前最感兴趣或实际需要的任务，可以是查找某种信息、购买某种商品、下载某种软件等。

测试时要注意几个方面的问题：一是要注意营造一个宽松的测试氛围，不要让受试者像在接受考试一样，这样他就会有心理压力，感到紧张，这和用户实际使用网站时的情况不符，得到的测试结果就失去了价值；二是不论在任何情况下都不要干扰受试者，也不要给他们任何提示和指导，即使他们不能完成任务也该如此；三是要做好完整的记录，最好安装一个屏幕捕获软件来记录受试者的鼠标移动全过程，安装一个摄像机来记录受试者的面部表情，这些资料对以后分析问题很有帮助；四是任务完成后要立即对受试者进行访谈，询问他在完成任务的各个过程中经历了哪些思维过程、判断过程、心理过程、满意度，以及遇到了哪些障碍和困难，是如何克服的等问题，尤其是对他们完成任务不顺利的那些过程，更应该进行深入细致的访谈，但不要指责他们哪些不对，让他们觉得自己愚蠢。

在整个测试过程完成后，回放屏幕捕获的视频，记录下每一个过程出现的点击情况、花费时间，并结合访谈记录，填写如下测试结果表。

表 4–1 xxx 网站任务测试结果表

测试人：　　受试人：　　任务：　　日期：

过程编号	过程名称	点击情况	花费时间	满意度	访谈记录

五、安全性测试

网站的安全测试集中在那些需要输入用户名、密码登录的区域，对用户名和密码要分别做有效和无效两个方面的测试，也就是说除了测试正确输入用户名、密码能够正常登录外，还要测试用户名、密码中任意一个或两者都存在错误的情况下不能登录。对于设置有超时限制功能的页面，如：电子商务网站的支付页面，还要测试超时功能是否正常生效，也就是在登录后，没有作任何操作的时间间隔达到规定的时间长度后，是否需要重新登录才能继续操作，如果需要，则说明超时限制功能正常。

安全测试还包括软件代码、操作系统、硬件设备的安全漏洞测试等，这些方面的测试有相关的测试软件，这里不加以讨论。

第二节 网站推广

根据美国网络监测公司的资料，到2008年2月为止，全球网站数量已经达到1.6亿个。中国互联网信息中心2008年7月公布的最新资料表明：中国的网站数量为191.9万个，在2007年底还只有150万个，半年时间增加了40多万个。由此可见，Internet的信息海洋是浩瀚无边的，我们的网站发布之后，如果不进行精心的推广，是难以被发现的，我们必须抛弃"好酒不怕巷子深"的传统观念，只注重网站本身的创意和设计，轻视网站的推广，如果网站没有人访问，无论你的创意和设计多么优秀，都是没有价值的。

网站推广的途径和方法很多，归纳起来可分为三类：一是利用网络媒体作线上推广；二是利用传统媒体作线下推广；三是利用自身的一些条件作自我展示推广，这三种推广的类型往往综合应用，只是有所侧重。

一、网上在线推广

在线推广是网站推广的主要途径，一是它具有很好的针对性，网络是网民最接近的媒体，只有网民最关心你的网站；二是在线推广可以直接链接到你的网站，只要网民感兴趣，就可立即点击进入你的网站；三是在线推广的选择多，呈现的时间也很长，而且价格相对传统媒体而言低得多。在线推广的主要方式有搜索引擎登记、投放网络广告、广告交换、友情链接、论坛宣传等。

1. 搜索引擎注册

搜索是网民使用最多的网络服务之一，其使用比例为72.4%，仅次于即时通信的使用率81.4%。国际互联网市场分析表明，网站访问量的80%以上来源于搜索引擎。所以，搜索引擎登记是在线推广效果很好的途径，图4–1是艾瑞资讯网站提供的网站推广效率分析图，图中表明：搜索引擎的网站推广有效率最高，为87%。

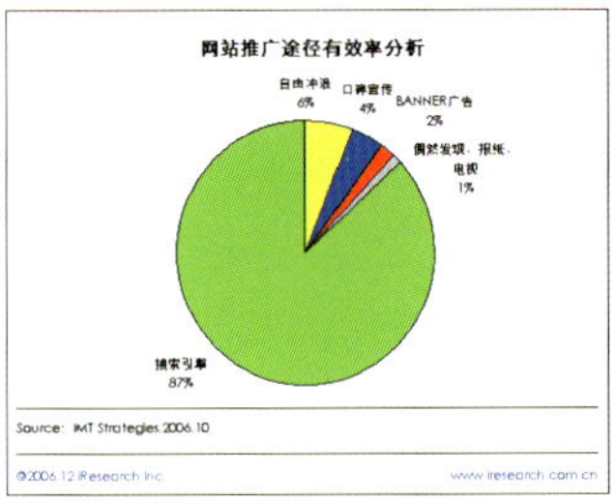

图 4－1　网站推广有效率分析图

目前，主流的中文搜索引擎有百度、Google、雅虎等，它们各有长处，百度的特长是图片，Google的强项是技术，雅虎由于兼并了3721而具有网络实名，可根据网站的情况和经费的情况作具体选择。为了使你的网站在搜索结果中靠前，需要针对具体的搜索引擎在技术上做一些优化处理，有许多专业的公司提供服务。

2. 网络广告投放

如果利用网络广告投放来推广网站，那么选择哪些网站来投放广告是非常重要的，门户网站的访问量大，人气很旺，广告给网民接触的次数多，但价格较高。门户网站一般综合性都很强，如果你的网站比较专业化、行列化，那么它的针对性就差一些；行业网站的访问量虽然不如门户网站大，但具有很好的针对性，如果选择那些你网站的目标用户群经常访问的行业网站做广告，则可能取得很好的网站推广效果。

对于那些不知名的小网站，如果加以合理利用，同样可以取得好的推广效果。小网站的访问量虽小，但网站量多，集体的力量就很大。淘宝网在推广的时候，由于竞争对手ebay在各大门户网站和行业网站签订了禁止同类广告发布的协议，淘宝网站被迫采用了〝农村包围城市〞的在线推广策略，通过网站联盟，在众多小网站投放网络广告，仍然取得了很好的推广效果。

3. 广告交换

广告交换就是那些主题相近或相关的网站之间达成一个协议，相互在网站上设置其他网站的广告或链接，网民在进入一个网站时，就可能点击链接进入联盟内的其他网站，达到相互进行推广的目的。利用这种方法推广网站，不需要花费广告费用，但力度较小，范围也窄，适合于那些个人网站和普通机构网站。

4. 友情链接

友情链接是网站自己希望或认为访问本网站的人也想访问一些相关的其他网站，于是在自己的网站上设置一些相关网站的链接，如果你的网站被别的网站友情链接，客观上起到了推广的作用。友情链接和广告交换不一样，它不是相互的，是网站根据自己的意愿设置的，被推广的网站完全是被动的，所以推广的效果可想而知。

5. 论坛宣传

论坛和BBS是网络上最具人气的地方，在论坛上进行网站推广常常会取得好的效果，而且没有费用。在寻找推广的论坛时，要注意两个方面：一是论坛的人气好，访问的人多；二是论坛的主题要与网站的主题相关，这里的访问者最有可能通过你的推广帖子进入你的网站。在论坛上发布的网站推广帖子要精心设计，充分展现网站的优势和特色，激起访客点击的欲望，而且要简明扼要，太长的叙述没有人有耐心读下去。帖子上必不可少的内容是网站的域名和链接，这样才方便他们直接点击进入你的网站。

二、网下离线推广

网站的网下离线推广主要分为利用传统媒体和户外媒体作推广广告两种方法，虽然没有在线推广那么直接，但由于这些媒体的受众数量大，覆盖人群广，而且广告的方法和技巧都十分成熟，对网站推广的效果也是立竿见影的，尤其对网站的品牌塑造有很好的效果。

1. 传统媒体推广广告

就目前而言，电视媒体和报纸媒体对受众的影响力还远高于网络媒体，这点我们不难从电视和报纸广告的市场份额中可以看到。有关资料表明：我国2007年电视广告总值为2464亿元，报纸广告为729亿元，而网络广告只有106亿元。传统媒体广告在我国之所以具有很强的影响力，除了媒体本身覆盖的地域和人群广泛以外，更重要的是它由政府主办，具有较为严格的监管机制，其公信力和权威性都较高。

对于纯粹的网络企业而言，传统媒体对企业的品牌塑造和推广具有至关重要的作用。美国ebay进入中国，以及我国本土的Alibaba等网上企业都利用了大量传统媒体广告来进行推广，网上贸易阿里巴巴、上网采购阿里巴巴等理念已深入到大众心里，极大地提升了阿里巴巴的品牌形象。在国外，阿里巴巴也投入了大量电视广告，曾包下了CNBC两年广告；2003年，想到伊拉克战争要爆发，于是购买了大量海外电视台的广告，使阿里巴巴成为全球电子商务的热点。

对于传统企业的网站，可以将网站的推广与企业自身的产品广告、品牌广告等进行整合，在这些广告中加入企业网站的域名，并将网站的功能、服务、内容与广告进行融合，使企业网站和企业、产品形成一个有机的整体，达到推广企业网站的目的。

2. 户外媒体推广广告

传统媒体的广告价格昂贵，而且呈现的时间很短，尤其是电视、广播广告，每次只有那么几秒钟的时间，如果要在受众心理上形成深刻印象，则必须进行多次重复。长时间的在电视、报纸、广播上发布广告，需要的经费是一般企业难以承受的。所以，许多网站的推广就采用了户外广告的方式，户外广告在覆盖范围和受众数量上与传统的三大媒体相比是有一定的局限性，但对地域的针对性强，而且价格比传统媒体的广告要低，呈现的时间很长。户外广告的形式丰富，有车身广告、路牌广告、电梯视频、楼宇广告牌、霓虹灯广告、招贴广告等，著名的淘宝网就在地铁、车站等场所投放了大量的路牌广告来进行网站推广。

三、自我宣传展示

除了利用各种媒体进行网站推广外，利用好企业自身的生产、营销、管理等环节进行网站推广也是一个行之有效的方法。虽然宣传和推广的面有限，但针对性特别好，面对的都是网站的直接用户，推广的有效性高，而且无需专门的费用。

在管理环节中，我们可以在信封、信笺、名片、电子邮件上加上网站的域名，通过与客户、相关企业的来往信函、邮件、沟通交流等环节推广网站；还可以通过工作牌、工作人员的服装、楼宇标识等进行网站推广。

产品生产环节也有许多可以利用来进行网站自我推广的地方，在产品的说明书、使用指南、售后服务卡、产品的外包装等上面都可以加上网站的域名，这是向客户推广网站最直接的方法。企业的生产用车、接送员工的交通车辆也是一个很好的自我推广平台，只要加以合理利用，都能取得推广效果。

企业会经常举办和参加一些营销活动，如：新产品发布会、产品展销交流会、促销活动等，这些活动可以和网站的推广结合起来，在产品的展示空间、展台、宣传招贴、赠送的礼品，以及发放的宣传资料中融入网站推广的内容。

网站的推广方式很多，需要根据网站的目标、用户的情况、经费的投入情况进行合理的规划，制定好推广的策略和推广方案，并按计划有步骤地组织实施。在实施过程中还要注意监测推广效果，并对推广方案作出评估，根据评估结果对方案进行补充、调整、修改。不要盲目地选择那些知名的媒体作推广宣传，这样可能投入了大量经费，却没有取得预期的推广效果。

教 学 导 引

1. 教学目标

通过前面三章的教学，学生具备了从网站规划到网页设计的基本能力，但网站具有软件产品和传播媒介的双重特征，在完成之后必须经过严格的测试才能发布。同时，网站不像报纸、书籍那样有成熟的发行、销售渠道，必须要进行发布推广，否则就没有人知道网站的存在。通过本章的教学，培养学生网站测试和推广的基本能力，强化网站的“产品”和“营销”观念。

2. 教学重点

本章的教学重点是网站可用性测试和网站的网上在线推广，通过可用性测试的教学，要求学生能够掌握测试的基本方法，并能够根据测试结果来分析和发现问题；通过网上在线推广的教学，使学生了解网上推广的基本途径和效果，并具备制定网站推广方案的基本能力。

3. 本章小结

本章分为网站测试和网站推广两个部分，在测试部分，从网站功能、性能、可用性三个方面介绍了网站测试的内容，并重点介绍了可用性测试的基本方法。测试是任何产品在交付使用前都必须进行的程序，也是检查错误、发现问题的重要手段和方法。

在网站推广部分，分别从线上、线下、自我推广三个方面介绍了网站推广的途径和效果，并介绍了一些推广案例。互联网是信息的海洋，其上连接着数以亿计的网站，如果不加以推广，没有人会知道你网站的存在，也就不可能有人访问。所以，科学合理的网站推广方案是网站成功不可或缺的重要组成部分。

4. 作业安排

思考题：如何理解网站具有的产品和媒体双重特征？

讨论题：网站线下推广的作用和价值何在？

实作题：对本课程作业要求完成的网站进行可用性测试，记录和分析发现的错误和问题，并提出修改意见和建议。

5. 参考文献

(1) 孙昌玲、杨德祥译，《别让我动脑筋——网页设计效果优化艺术》，山东科学技术出版社，2001 年

(2) 胡宝介著，《外贸网站推广策略研究报告》，www.jingzhengli.cn

(3) 胡宝介、许依宁著，《网站易用性建设 A—Z》，www.jingzhengli.cn

后 记

本书第一章、第二章、第四章由谢成开编写，第三章由孙丹丽编写。在编写过程中，得到四川美术学院副院长罗力教授的指导和支持，为本书的结构组织提出了宝贵意见，并进行了认真的审稿；四川美术学院的吕曦副教授及责编王正端和秦路先生对本书的出版付出了很多心血，在此对他们表示衷心的感谢。此外，还要感谢那些本书罗列的参考资料的作者和译者们，拜读了他们的著作使作者对网站设计的认识有了提高；本书选择了一些网页图片以说明问题，在此对它们的作者和网站一并表示感谢。

限于作者水平，疏漏与错误之处在所难免，恳请专家、同仁及广大读者批评指正。

谢成开 孙丹丽